职业院校教学用书（电子技术专业）

Altium Designer 16 电路设计

陈美平　主　编

韦钊卓　何海仁　黄惠玲
周淑彦　王倩倩　钟振国 　参　编

电子工业出版社

Publishing House of Electronics Industry

北京·BEIJING

内 容 简 介

本书以 Altium 系列 Altium Designer 16 版本为平台，介绍电子 CAD 基本概念、电路设计的方法和技巧，以 LM317 可调稳压电源、USB 桌面音响电路等实用电路为例，引导学生掌握和运用 Altium Designer 的基本知识和技能，完成电路创建、原理图绘制、元件和封装制作、PCB 板设计等知识和技能的学习，为适应 EDA 工程师、PCB 设计师等岗位打下基础，达到 PCB 设计师中级工水平。

本书可作为高职、中职电路设计课程的教材，也可作为从事电路设计、电子 CAD 绘图和制板技术人员的参考书。本书有配套微课、源文件电路图、PPT 课件，可以帮助读者直观学习书中内容。

图书在版编目（CIP）数据

Altium Designer 16 电路设计 / 陈美平主编. —北京：电子工业出版社，2018.9

ISBN 978-7-121-34808-2

Ⅰ. ①A… Ⅱ. ①陈… Ⅲ. ①印刷电路—计算机辅助设计—应用软件 Ⅳ. ①TN410.2

中国版本图书馆 CIP 数据核字（2018）第 171225 号

策划编辑：蒲　玥

责任编辑：蒲　玥

印　　刷：河北鑫兆源印刷有限公司

装　　订：河北鑫兆源印刷有限公司

出版发行：电子工业出版社

　　　　　北京市海淀区万寿路 173 信箱　邮编 100036

开　　本：787×1 092　1/16　印张：12.75　字数：326.4 千字

版　　次：2018 年 9 月第 1 版

印　　次：2023 年 6 月第 13 次印刷

定　　价：30.00 元

凡所购买电子工业出版社图书有缺损问题，请向购买书店调换。若书店售缺，请与本社发行部联系，联系及邮购电话：（010）88254888，88258888。

质量投诉请发邮件至 zlts@phei.com.cn，盗版侵权举报请发邮件至 dbqq@phei.com.cn。

本书咨询联系方式：（010）88254485，puyue@phei.com.cn。

前言

　　电子设计自动化（EDA）技术是以计算机为工作平台，将电子产品从电路设计、性能分析、设计 PCB 的整个过程在计算机上处理完成的技术。熟练使用 EDA 工具进行设计是电子工程人员必备的技能。

　　Altium 系列是我国最早使用的电子设计自动化（EDA）软件之一。早期的 Protel 99 和 Protel DXP 2004 SP2 两个版本在我国流传很广。2001 年 8 月，Protel 公司更名为 Altium 公司，推出 Altium 系列，Altium Designer 16 是 2015 年底推出的版本。Altium 系列一直以易学易用、Windows 风格的友好界面环境及智能化的性能为电子产品设计者提供优质的服务，深受广大电子产品设计者的喜爱。

　　Altium Designer 16 可以轻松完成原理图设计、印制电路板（PCB）设计、电路仿真等功能，是职业院校电类专业（电子技术、机电技术、电气技术等）主干课程的重要教学内容之一。

　　Altium Designer 也是全国职业院校职业技能大赛"电子产品装配与调试（电子电路装调与应用）项目"的指定软件。根据职业学校教学和竞赛要求，由东莞市陈美平名师工作室牵头，组织职业院校职业技能大赛优秀辅导老师共同编写本教材。这些老师都有丰富的辅导省市职业技能大赛的经验，并且带领学生取得过非常好的成绩，因此本教材的内容都是根据教学和竞赛实践而组织编写的，更能系统培养和训练学生的知识与技能。本教材的教学目标是使学生掌握和运用 Altium Designer 的基本知识与技能，完成电路创建、原理图绘制、PCB 板设计，以及元件和封装的创作，最终完成实用电路设计，为适应 EDA 工程师、PCB 设计师等岗位打下基础，达到 PCB 设计师中级工水平。我国的 PCB 产业方兴未艾，市场广阔，EDA 工程师、PCB 设计师等岗位还将会供不应求。

　　本教材在编写过程中力求通俗易懂、理论结合实例，注重实用性和操作性，主要有如下特色。

　　（1）行为导向。根据职业学校专业和学生的特点，本教材注重实用性和操作性，将各章节的知识点融入具体的实例中，引导学生运用所学知识和技能绘制实际电路图和电路板。

　　（2）有简洁明确的讲解，有完整的操作过程。电路原理图绘制、原理图元件库的编辑和创作、印制电路板设计、封装库的创作、元件布局、自动布线和手工布线、导线修改和覆铜等操作过程讲解详细、图例清楚、可仿性强。

（3）有配套 PPT 课件、微课等教学资源。一方面可以减轻授课老师的备课工作量，另一方面也可以让学生进行课前课后的自主学习。

本书由陈美平编写第二、三、七章，韦钊卓编写第四、十二章，何海仁编写第五、十章，黄惠玲编写第六、九章，周淑彦编写第一章，王倩倩编写第八章，钟振国编写第十一章。

由于作者水平有限，加之编写时间仓促，书中难免有错漏之处，恳请广大读者批评指正（联系方式：1308270667@qq.com）。

编　者
2018 年 6 月

目录

第一章

电子设计简介

本章要点

（1）EDA 技术概念和应用。
（2）PCB 设计。
（3）PCB 产业前景。

教学目标

（1）了解 EDA 技术概念和应用。
（2）了解 PCB 及设计软件。
（3）了解电子设计职业岗位。

1.1　电子设计认知

电子产品无处不在，小到 U 盘、手机、电子表，大到电脑、电视、航天飞机的控制系统，可以说，我们的生活、学习、工作已经离不开电子产品。

1.1.1　日常生活中的电子产品

电子产品遍布我们的生活，涵盖办公、通信、医疗、家庭等各个领域。日常生活中的电子产品示意图如图 1-1 所示。

1.1.2　电子产品开发流程

电子产品是怎样开发设计出来的呢？电子产品的开发从市场需求到设计研发，包括硬件、软件、结构、测试等诸多技术领域。一般的电子产品设计流程如图 1-2 所示。

电子产品设计师根据市场或客户的要求，形成《产品需求规格说明书》，按说明书中的要求，分析与设计出硬件电路的总体方案，完成电路原理图设计和印制电路板（PCB）的设计和制作，把电子元件装配到 PCB 上加工成 PCB 样板，并进行单元电路运行测试，软硬件功能总测试，当各项测试达标及产品结构包装确定后，才完成电子产品的设计。

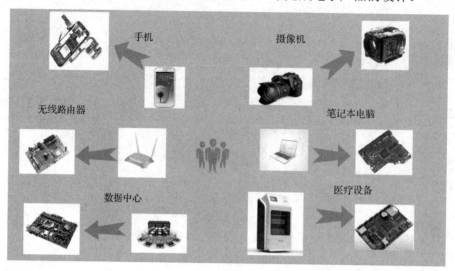

图 1-1　日常生活中的电子产品

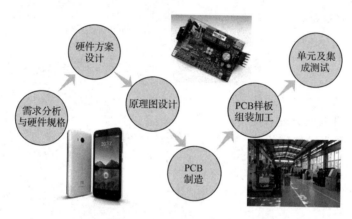

图 1-2　电子产品设计流程

1.2　EDA 技术

1.2.1　EDA 简介

　　EDA（Electronic Design Automation，电子设计自动化）技术是以计算机为工作平台，融合了应用电子技术、计算机技术、信息处理及智能化技术的最新成果的电子产品自动设计技术。在 EDA 技术出现之前，设计人员必须手工完成集成电路的设计、布线等工作。随着集成电路的复杂程度不断加大，开发人员尝试把整个设计过程自动化，在电子 CAD（Computer Aided Design，计算机辅助设计）技术基础上，逐步发展出电子设计自动化技术。EDA 的出现促进了近几年来电子产品的繁荣昌盛。

　　利用 EDA 工具，电子产品设计师可以从概念、算法、协议等开始设计电子产品系统，大量的工作都可以通过计算机完成，例如，电子产品从电路设计、性能分析到设计出 IC 板图或 PCB 板图的整个过程计算机都可以自动处理完成。EDA 技术有效地解决了电子产品设计难度不断提高和设计周期不断缩短的矛盾，极大地提高了设计产品的质量与设计师的设计　效率。

1.2.2　EDA 的应用

EDA 在机械、电子、通信、航空航天、化工、矿产、生物、医学、军事等各个领域都有很广泛的应用。

EDA 在电子技术中的应用主要是在电子电路设计、PCB 设计和 IC 设计等方面。如图 1-3 所示为已装配元件的 PCB。

图 1-3　已装配元件的 PCB

1.3　PCB 设计

1.3.1　PCB 简介

电子产品的基本部件是电子元件和电路板，各种电子元件通过 PCB 上的电路进行连接，PCB 为电子元件提供固定装配的机械支撑，实现电子元件之间的布线、电气连接或电绝缘，以及电子元件所要求的电气特性等，同时还为自动锡焊提供阻焊图形，为元件插装检查维修提供识别字符和图形等。

PCB（Printed Circuit Board）印制电路板，由于它是采用印刷蚀刻的方法将覆铜板上不用的铜腐蚀掉，只保留需要的电子线路，所以被称为印制电路板。如图 1-4 所示为覆铜板，图 1-5 所示为覆铜板上的电子线路。

1.3.2　PCB 产业的发展

从 20 世纪 40 年代开始，PCB 已经成为电子行业中最重要的子行业之一。近年来全球

PCB 产业产值占电子元件产业总产值的 1/4 以上，是电子元件细分产业中比重最大的产业，从 2006 年起，中国超过日本成为全球产值最大、增长最快的 PCB 制造基地，并已成为推动全球 PCB 产业发展的主要增长动力，中国独占全球 PCB 近五成市场。如图 1-6 所示 2014～2020 年全球和中国 PCB 产值及预测。

图 1-4　覆铜板

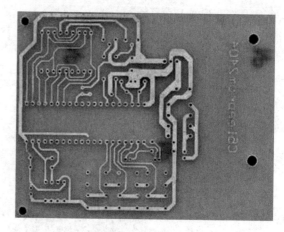

图 1-5　覆铜板上的电子线路

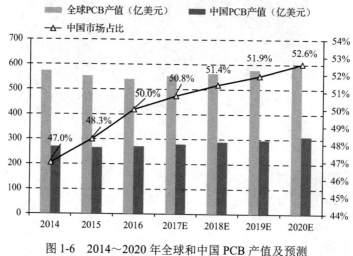

图 1-6　2014～2020 年全球和中国 PCB 产值及预测

1.3.3　PCB 设计软件

PCB 设计软件种类很多，如 Protel、Altium Designer、OrCAD、Viewlogic、PowerPCB、Cadence PSD、MentorGraphices 等。我国现今使用最广泛的电子产品设计软件为 Altium Designer。

1.4　电子设计职业岗位

科技的日新月异，使得电子技术得到广泛应用和快速发展。目前，电子技术正向集成化、网络化、智能化的趋势发展。EDA 在电子系统设计领域优势明显，其应用广阔，需求量大，EDA 工程师、PCB 设计师等岗位供不应求，薪酬可观。

　　PCB 设计工作是一个集合专业电子技术、制造技术、工业设计技术等各种要求于一身的专业技术工种，是现代电子产品研发团队中不可或缺的重要岗位。PCB 设计师是以电路原理图为根据，实现电路设计者所需要功能的专业技术人员。

　　印制电路板的设计主要指板图设计，需要考虑外部连接的布局，内部电子元件的优化布局，金属连线和通孔的优化布局，以及电磁保护，热耗散等各种因素。它是电子产品硬件设计的一个环节，是衔接硬件电路原理图设计和电路板加工制造的重要工作。对于同一种电子产品采用的电路原理图尽管相似，但不同的印制电路板设计水平会带来很大的差异。如图 1-7 所示为一种电子产品的电路板。

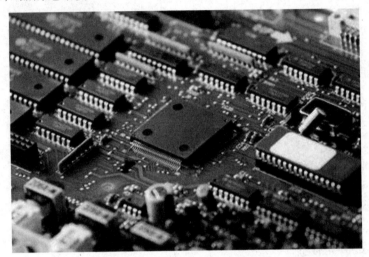

图 1-7　一种电子产品的电路板

思考与练习

　　1.1　了解我国电子行业的国内和国际上的地位，列举我国著名的电子企业及产品。

　　1.2　PCB 设计的流程是什么？

　　1.3　我国 PCB 产业状况如何？

第二章
Altium Designer 16
的安装和启用

本章要点

（1）Altium Designer 16 的基本功能。
（2）Altium Designer 16 的安装和启动。
（3）Altium Designer 16 的项目文件管理方法。

教学目标

（1）了解 Altium Designer 16 的基本功能。
（2）掌握 Altium Designer 16 的安装、启动和关闭。
（3）掌握 Altium Designer 16 工程文件的新建、保存、打开。

2.1 Altium Designer 16 的简介

　　Altium 系列是流传到我国最早的电子设计自动化（EDA）软件之一，早期的 Protel 99 和 Protel DXP 2004 SP2 这两个版本在职业院校得到了广泛的应用，2001 年 8 月，Protel 公司更名为 Altium 公司，推出 Altium 系列，Altium Designer 16 是 2015 年底推出的版本。Protel 系列和 Altium 系列一直以易学易用，Windows 风格的、友好的界面环境及智能化的性能为电子产品设计者提供了优质的服务，深受广大电子产品设计者的喜爱。

　　Altium Designer 16 可以轻松完成原理图设计、印制电路板设计、电路仿真等功能，它主要由原理图设计系统（Schematic）、印制电路板设计系统（PCB）、FPGA（现场可编程门阵列系统）和 VHDL（超高速集成电路）系统组成。Altium Designer 16 综合了电子产品一体化开发所有必需的技术和功能，既能够满足当前的应用，也能够立足于未来的扩展，因此也成为电子产品开发的完整解决方案。

2.2　Altium Designer 16 的安装

　　Altium Designer 16 的安装与其他软件安装类似，但现在软件功能越来越强大，在安装 Altium Designer 16 程序包的时候，增加了软件功能的选择项，对于一些不经常用到的模块，如仿真、FPGA，先不做选择（安装），只选择默认的 PCB 设计基础模块，这样可以减少软件运行压力，提高软件运行效率。

　　（1）打开软件安装包，双击运行文件 AltiumDesignerSetup_16_1_11.exe，如图 2-1 所示。

Altium Cache	2018/1/1 9:15	文件夹	
Extensions	2018/1/1 9:16	文件夹	
Licenses	2018/1/1 9:16	文件夹	
SolidWorks Add-In	2018/1/1 9:16	文件夹	
Altium Desinger.md5	2016/7/21 8:54	MD5 文件	67 KB
AltiumDesignerSetup_16_1_11.exe	2016/7/21 7:50	应用程序	10,832 KB
autorun.inf	2016/7/21 8:35	安装信息	1 KB
Extensions.ini	2016/7/21 8:35	配置设置	1 KB
Release Notes for Altium Designer V...	2016/7/21 8:43	PDF 文档	521 KB

图 2-1　软件安装包

　　（2）运行安装文件后进入安装界面，如图 2-2 所示，单击【Next】按钮进入语言和协议接受选择界面。

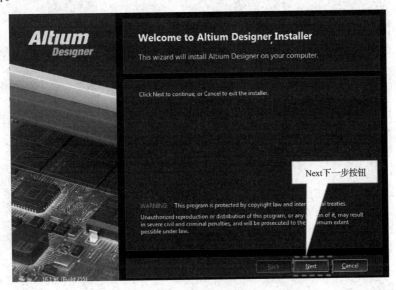

图 2-2　安装界面

　　（3）语言和协议接受选择界面如图 2-3 所示，软件支持 English、Chinese、Japanese 等多国语言，可以选择 Chinese（中文），本界面中还有协议接受与否选项，选择接受" I accept the agreement"选项，单击【Next】按钮进入安装模块选择界面。

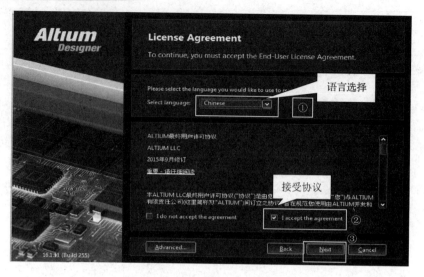

图 2-3　语言和协议接受选择界面

（4）安装模块选择界面如图 2-4 所示，在安装模块选择区里，有六种功能模块选项，如果只做 PCB 设计，就只选第一个；同样，需要做什么设计就选择哪个模块，这样可以减少软件占用空间，提高软件运行效率。模块选择完成，单击【Next】按钮进入安装路径设置界面。

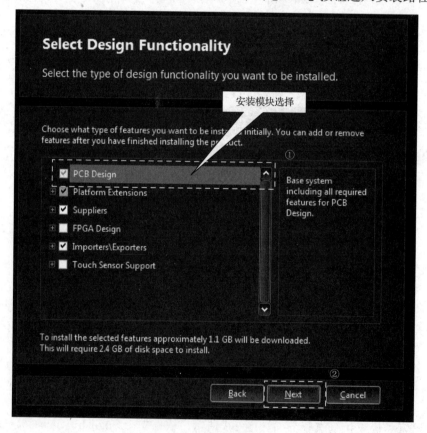

图 2-4　安装模块选择界面

（5）安装路径设置界面如图 2-5 所示。用户可选择默认路径或自定义路径。单击【Default】按钮用户可以设置自定义安装路径。

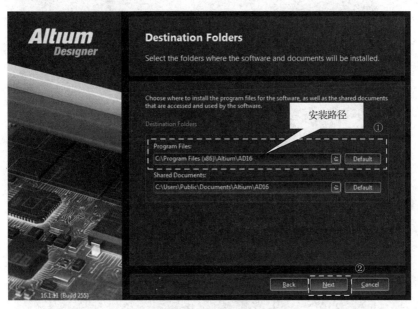

图 2-5　安装路径设置界面

（6）确定安装路径后，单击【Next】按钮，弹出如图 2-6 所示确定安装界面，继续单击【Next】按钮，进入如图 2-7 所示的安装进度显示界面，由于系统需要复制大量的文件，这里需要等待几分钟。

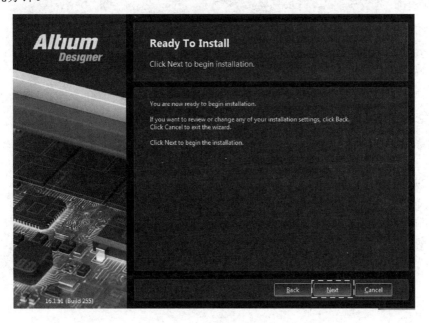

图 2-6　确定安装界面

（7）安装结束后进入如图 2-8 所示安装完成界面。单击【Finish】按钮即可完成 Altium Designer 16 安装工作。

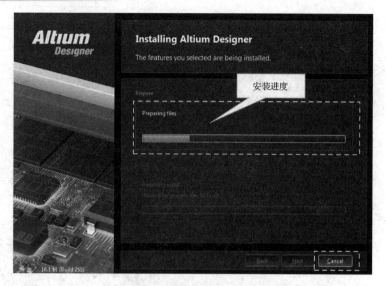

图 2-7　安装进度显示界面

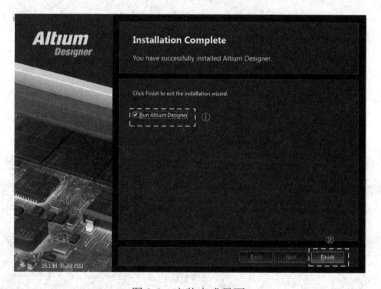

图 2-8　安装完成界面

（8）软件注册。

执行菜单命令【DXP】 →【My Account】（我的
账户），如图 2-9 所示，进入 License Management（注
册管理）界面。这里通过加载本地 License 文件完成注
册，如图 2-10 所示。

图 2-9　打开"我的账户"

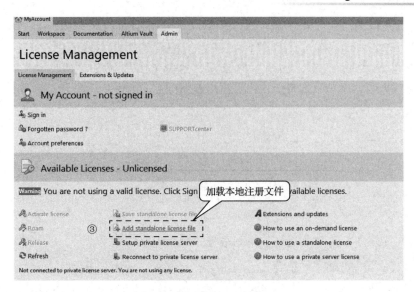

图 2-10　加载注册文件

2.3　Altium Designer 16 的启用

　　成功安装 Altium Designer 16 后，系统会在 Windows "开始" 菜单中加入程序项，并在桌面上建立 Altium Designer 16 的启动快捷方式。启动 Altium Designer 16 进入如图 2-11 所示的主窗口，在主窗口中可以进行项目文件的操作，如项目文件的建立、打开、保存等。

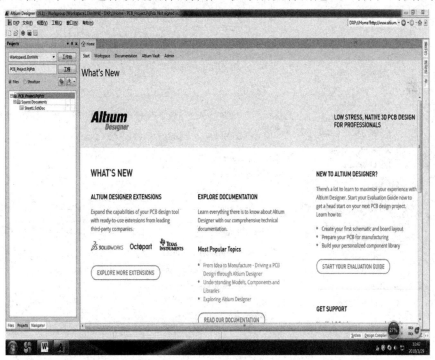

图 2-11　Altium Designer 16 的主窗口

如图 2-12 所示，执行菜单命令【DXP】→【Preferences】（参数）进入软件系统设置窗口，在这里可以进行系统汉化配置，打开系统配置选项"General"勾选"Use localized resources"进行本地化设置，如图 2-13 所示，单击【OK】按钮完成设置，关闭并重新启动软件后，就变为中文菜单（汉化），如图 2-14 所示。

图 2-12　执行【Preferences】菜单命令

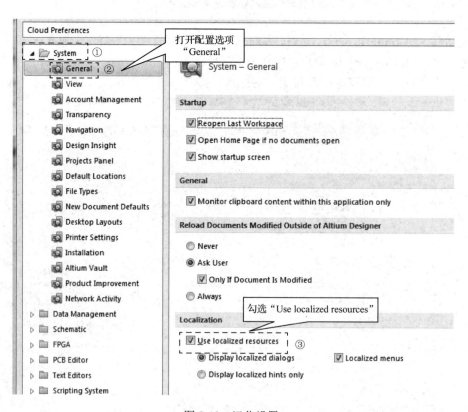

图 2-13　汉化设置

图 2-14　汉化后的中文菜单

2.4　Altium Designer 16 的文件管理系统

Altium Designer 16 采用 Project（工程项目）的管理，将每个设计项目设为一个工程项目文件，在项目文件中包含了设计中生成的一切文件，如图 2-15 所示，建立的"三端稳压电源.PrjPcb"项目文件（扩展名.PrjPcb）为一级目录，而属于该项目下的设计文件三端稳压电源原理图.SchDoc（扩展名.SchDoc ）和三端稳压电源印制电路板.PcbDoc（扩展名.PcbDoc）为二级目录。

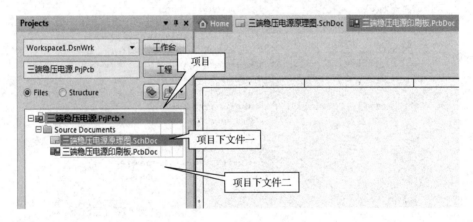

图 2-15　项目文件管理

2.4.1　创建项目文件

执行菜单命令【文件】→【新建】→【Project】如图 2-16、图 2-17 所示。可以完成项目新建，印制电路板设计项目选择 PCB Project 项目类型，根据电路大小选择图纸大小选项。

图 2-16 新建项目

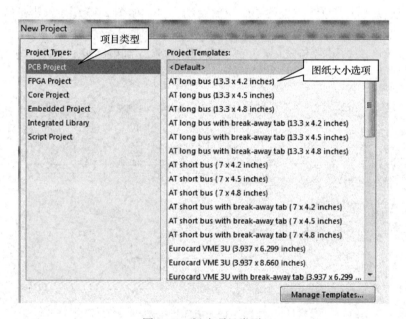

图 2-17 新建项目类型

2.4.2 保存项目文件

项目文件的保存方式有多种，可以通过菜单命令【保存】或【保存为】，也可以通过右键单击项目管理器中对应的项目或文件名称进行保存或改文件名、路径进行另存为，如图 2-18 所示为设置新建项目的保存文件名和保存路径。Altium Designer 16 保存文件并不是将整个项目文件保存，而是单个保存，项目文件只是起到管理作用，这样的保存方式有利于实施大规模电路的设计。

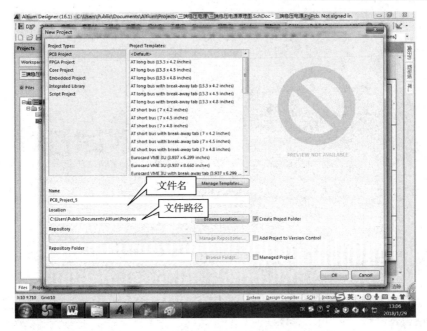

图 2-18　设置新建项目的保存文件名和保存路径

思考与练习

2.1　Altium Designer 16 有哪些基本功能？

2.2　试安装一次 Altium Designer 16。

2.3　Altium Designer 16 项目文件管理有何特点？

教学微视频

扫一扫

第三章

原理图设计基础

本章要点

（1）原理图编辑器界面介绍。
（2）原理图文件新建和保存方法。
（3）元件的放置方法。
（4）元件参数修改方法。
（5）元件导线连接方法。

教学目标

（1）了解原理图编辑器界面。
（2）掌握新建和保存原理图文件方法。
（3）熟悉元件库的加载方法。
（4）掌握元件放置、位置调整、参数设置。
（5）掌握原理图元件导线连接方法、节点放置方法。

3.1 LM317 可调稳压电源的原理图简介

　　电子产品离不开电源，LM317 可调稳压电源，可连续输出 1.2～35V 电压，其核心是 LM317 集成稳压管，外围电路比较简单，只需要加接可调电阻即可组成基本电路。LM317 是常用的三端电压可调集成稳压电源，其实物图如图 3-1 所示。

　　LM317 可调稳压电源电路原理图如图 3-2 所示，该电路由稳压管、二极管、三极管、可变电阻、电容、发光二极管等元件构成。

图 3-1　LM317 可调稳压电源实物图

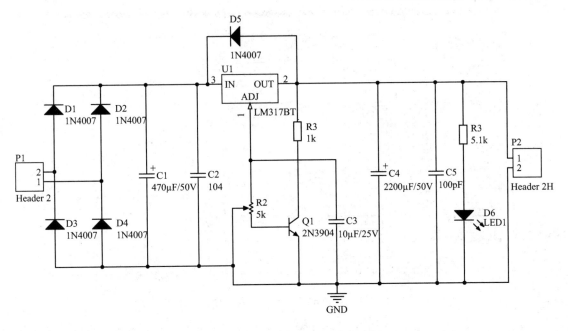

图 3-2　LM317 可调稳压电源电路图

　　电路图是用电路元件符号绘制的一种表示各元器件组成及器件关系的原理布局图，由图 3-2 可知，电路图上各元器件是用电气符号和导线连接来表示它们之间的对应关系。此类电路图都可以通过 Altium Designer 16 等 EDA 软件来设计和修改。

3.2　原理图设计的步骤

　　原理图的设计在工作窗口进行，在该窗口可以新建一个原理图，也可以打开一个原有原理图进行编辑和修改。原理图的设计一般包括如图 3-3 所示步骤。

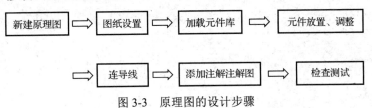

图 3-3　原理图的设计步骤

3.3　新建原理图

3.3.1　创建原理图文件的方法

　　通过计算机桌面快捷方式或"开始"菜单运行 Altium Designer 16，可以进入原理图设计界面，如图 3-4 所示。

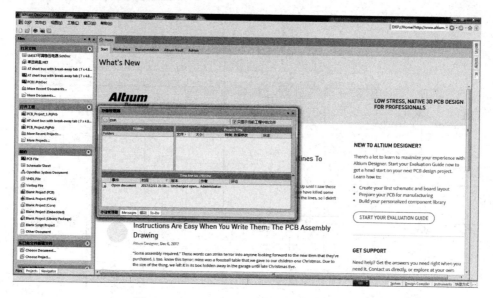

图 3-4 Altium Designer 集成开发环境窗口

如图 3-5 所示选择菜单栏中的【文件】→【新建】→【原理图】命令，进入如图 3-6 所示的原理图编辑器，进行原理图的绘制和编辑。

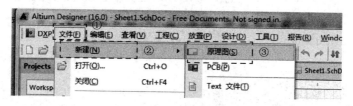

图 3-5 新建原理图

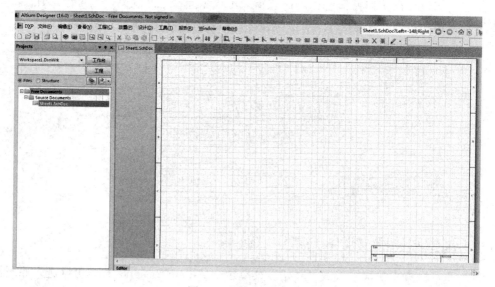

图 3-6 原理图编辑器

3.3.2　原理图编辑器简介

原理图编辑器主要包括菜单栏、工具栏、项目管理器、工作区、面板状态栏和命令行等功能区域。其界面的布局如图 3-7 所示。

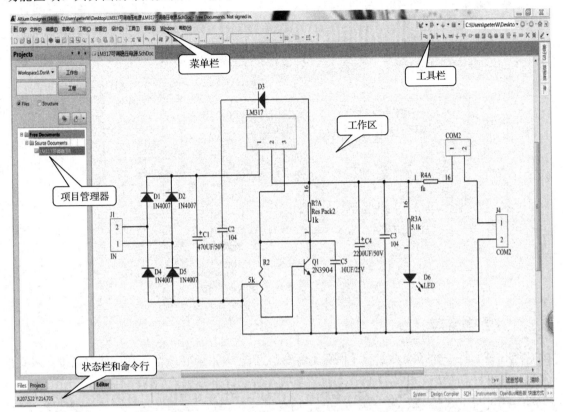

图 3-7　Altium Designer 16 原理图编辑器界面

Altium Designer 16 的原理图编辑器正是设计、修改电路原理图的工作区域。

1. 菜单栏

Altium Designer 16 的基本菜单栏如图 3-8 所示，每个菜单的功能如下所述。

| DXP | 文件(F) | 编辑(E) | 查看(V) | 工程(C) | 放置(P) | 设计(D) | 工具(T) | Simulate | 报告(R) | Window | 帮助(H) |

图 3-8　菜单栏

【文件】菜单：用于执行文件的新建、打开、关闭、保存等操作。

【编辑】菜单：用于执行对象的选取、粘贴、复制、删除、查找等操作。

【查看】菜单：用于执行视图的管理操作，如工作窗口的放大与缩小，各种工具、面板、状态栏及节点的显示与隐藏等。

【工程】菜单：用于执行与项目有关的各种操作，如项目文件的建立、打开、保存与关闭，工程项目的编译及比较等。

【放置】菜单：用于放置原理图的各种组成部分。

【设计】菜单：用于对元件库进行操作，生成网络报表等操作。

【工具】菜单：用于为原理图设计提供各种操作工具，如元件快速定位等操作。

【Simulate（仿真器）】菜单：用于创建各种测试平台。

【报告】菜单：用于执行生成原理图各种报表的操作。

【Window（窗口）】菜单：用于对窗口进行各种操作。

【帮助】菜单：用于打开帮助菜单。

2. 工具栏

在 Altium Designer 16 的原理图编辑器的工具栏中有很多的工具，其中绘制原理图的工具及其功能注释如图 3-9 所示。

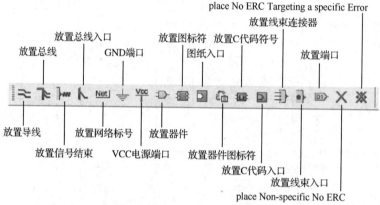

图 3-9　工具栏工具功能注释

3.3.3　文件保存

选择菜单栏中的【文件】→【保存】命令，打开如图 3-10 所示保存文件对话框，设定好文件名和保存路径后，单击【保存】按钮可将原理图文件保存。

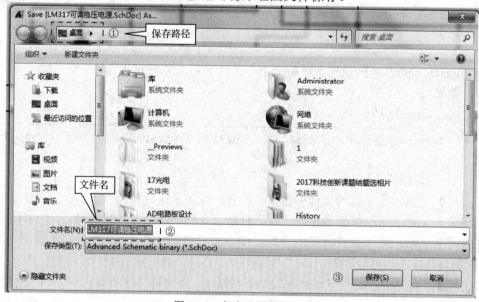

图 3-10　保存文件对话框

3.4　原理图图纸设置

原理图设计是电路设计的第一步，是 PCB 和仿真的基础，在原理图的绘制过程中，可以根据所要设计的电路图的复杂程度，先对图纸进行设置。在进入电路图的编辑环境时，Altium Designer 16 系统会自动给出相关图纸的默认参数，但是在大多数情况下，这些默认的参数不一定适合用户需求，要根据设计对象的复杂程度来对图纸的尺寸及全体相关参数进行设置。选择菜单栏中的【设计】→【文档选项】命令，在弹出的对话框中，可以对图纸进行设置。如图 3-11 所示的【文档选项】对话框中有"方块电路选项"、"参数"、"单位"和"Template"（模板）四个选项卡。

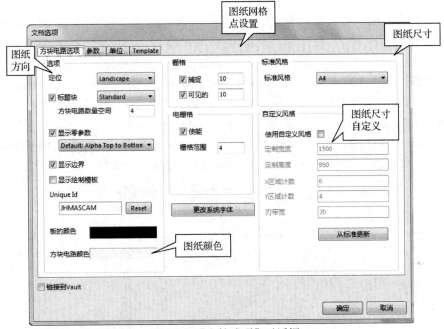

图 3-11　【文档选项】对话框

（1）设置图纸方向：通过"定位"下拉列表框设置，"Landscape"（水平方向）；"Portrait"（垂直方向）。

（2）设置图纸标题栏：有 Standard（标准格式）和 ANSI（美国国家标准格式）两种下拉选项。

（3）设置图纸边框：勾选"显示边界"复选框可以设置是否显示边框，选中表示显示边框。

（4）图纸网格点设置：进入原理图编辑环境后，编辑窗口的背景是网格型的，这种网格就是可视网格，是可以改变的。网格为元件的放置和路线的连接带来了极大的方便，使用户可以轻松地排列元件、整齐地走线。Altium Designer 16 提供了"捕捉"、"可见的"和"电栅格" 3 种网格。

● "捕捉"复选框：用于控制是否启用捕获网格。所谓捕获网格，就是光标每次移动的距离大小。勾选该复选框后，光标移动时，移动距离以右侧文本框的设置值为基本单位，系统默认值为 10 个像素点，用户可根据设计的要求输入新的数值来改变光标每次移动的最小间隔距离。

- "可见的"复选框：用于控制是否启用可视网格，即在图纸上可以看到的网格。勾选该复选框后，可以对图纸上网格间的距离进行设置，系统默认值为 10 个像素点。若不勾选该复选框，则表示在图纸上将不显示网格。
- "电栅格"里有"使能"复选框：若勾选了该复选框，则在绘制连线时，系统会以光标所在位置为中心，以"栅格范围"文本框中的设置值为半径，向四周搜索电气节点。若在搜索半径内有电气节点，则光标将自动移到该节点上并在该节点上显示一个圆亮点，搜索半径的数值可以自行设定。若不勾选该复选框，则取消系统自动寻找电气节点的功能。

3.5 加载元件库

绘制电路原理图，需要在图纸上放置需要的元器件符号，Altium Designer 16 把常用的元件符号分类放在元件库中，绘图时只需在元件库中找到所需的元器件符号，并放置到图纸的适当位置即可。绘制原理图放置元件前，需要先加载对应的元件库。

选择菜单栏中的【设计】→【添加/移除库】命令，找到 Altium Designer 16 安装目录，找到文件夹 library，就是软件自带的元件库，有数量庞大的元件，按元器件厂家和元器件种类分成一级库和二级库，常用的元件在 Miscellaneous Devices.IntLib 元件库中，常用的接插件在 Miscellaneous Connectors.IntLib 元件库中，这两个文件库通常是要加载的。其他元件也要加载对应的元件库才能够调出对应的元件。加载元件库操作过程如图 3-12、图 3-13、图 3-14 所示。

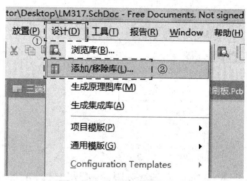

图 3-12　加载元件库菜单

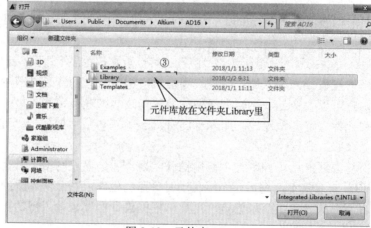

图 3-13　元件库 Library

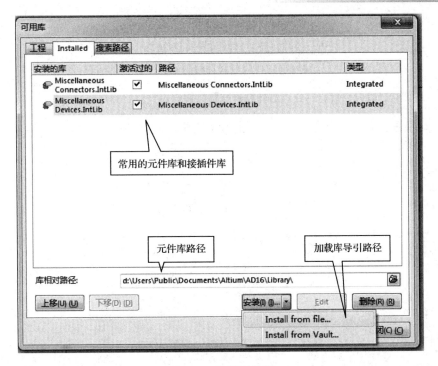

图 3-14　加载元件库

3.6　认识常用的原理图元件

绘制原理图时，需要调出元件，常用的基本元件在 Miscellaneous Devices.IntLib 元件库中，常用的接插件在 Miscellaneous Connectors.IntLib 元件库中，通过元件库面板浏览元件名称、元件符号和封装，对于不常用的元件是分类放在元件库中的，如需使用可以通过查找等方式调出元件。

（1）电阻：普通电阻、可调电阻、排电阻、电位器符号如图 3-15 所示。

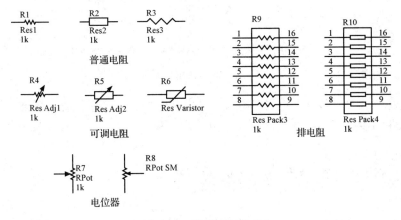

图 3-15　常用电阻元件

（2）电容：无极性电容、有极性电容、可变电容符号如图 3-16 所示。

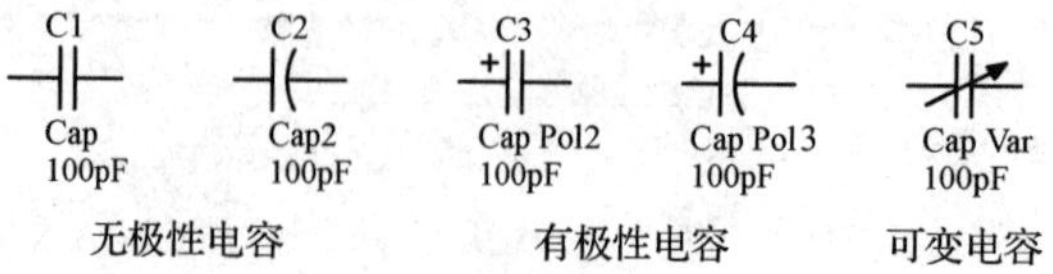

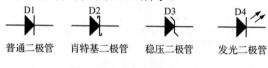

无极性电容　　　　　有极性电容　　　可变电容

图 3-16　常用电容元件

（3）二极管：各种二极管的符号如图 3-17 所示。

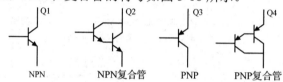

普通二极管　　肖特基二极管　　稳压二极管　　发光二极管

图 3-17　常用二极管元件

（4）三极管：NPN、PNP 和复合管的符号如图 3-18 所示。

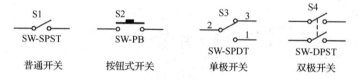

NPN　　　　NPN复合管　　　　PNP　　　PNP复合管

图 3-18　常用三极管元件

（5）开关：各种常用开关符号如图 3-19 所示。

普通开关　　　　按钮式开关　　　　单极开关　　　双极开关

图 3-19　常用开关

（6）变压器：常用变压器符号如图 3-20 所示。

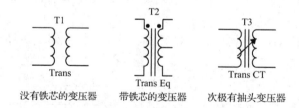

没有铁芯的变压器　　带铁芯的变压器　　次极有抽头变压器

图 3-20　常用变压器

还有电感、场效应管、继电器、电机、光电耦合器、光电接收管、桥堆、扬声器、天线、数码管等元件和接插件可以通过库浏览来查找。

3.7　元件的放置和参数修改

原理图中有两个基本要素：元件符号和元件引脚之间的连线。绘制原理图就是把元件符号放置在原理图纸上，并用电气导线建立正确的连接。

元件的放置，需要知道元件的名称，以及要加载元件所在的库。如果不知道这些信息，则必须借助 Altium Designer 16 的元件搜索功能，在庞大的元件库中进行定位。常用的元件可以在库面板中浏览。

3.7.1　放置元件

放置元件有多种方式。

方式一：单击工具栏中的图标 ，或者执行菜单命令【放置】→【器件】，在弹出的对话框中输入元件在元件库中的名称，单击【确定】按钮，即在原理图编辑器中放置了该元件。如图 3-21 所示为放置元件菜单命令和对话框。对于不知道元件所在库名称的元件，可单击【选择】按钮在弹出的对话框中浏览选择所需要的元件，如图 3-22 所示。

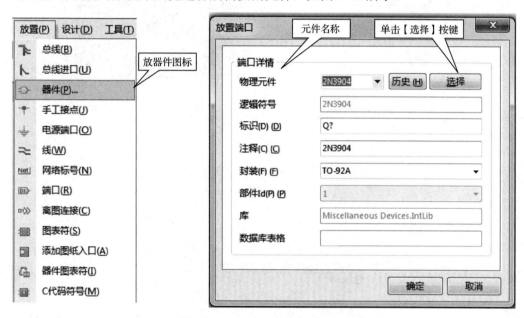

图 3-21　放置元件菜单命令和对话框

方式二：单击右边的标签"库"，打开库元件面板，在库中找到需要的元件，拖到编辑区或者按元件放置按钮"Place"放置到原理图编辑区，如图 3-23 所示。

方式三：搜索元件。

对不常用的元件和不知道在哪个元件库的元件，需要通过 Altium Designer 16 提供的元件搜索功能，在众多的元件库中定位（查找）元件。

执行菜单命令【工具】→【发现器件】，或在原理图编辑器右边的标签中单击 "库"标签，在库面板中单击【查找】按钮，出现【搜索库】对话框，在对话框中设置搜索路径，并输入待搜索元件关键词，单击【查找】按钮搜索元件。搜索元件步骤如图 3-24 所示。

【搜索库】对话框中的参数说明：

（1）"范围"下拉列表框，用于选择查找类型，其中共有 Components（元件）、Footprint（封装）、3D models（3D 模型）和 Database Component（数据库元件）4 种类型。

（2）"可用库" 单选按钮，系统在已经加载的库中查找。

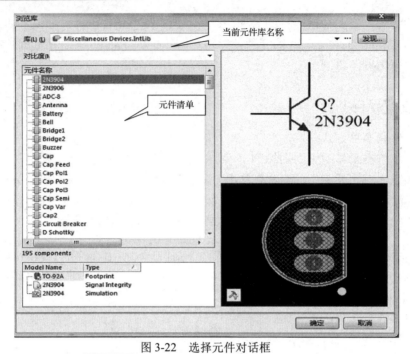

图 3-22　选择元件对话框

图 3-23　单击"库标签弹出的元件选择对话框

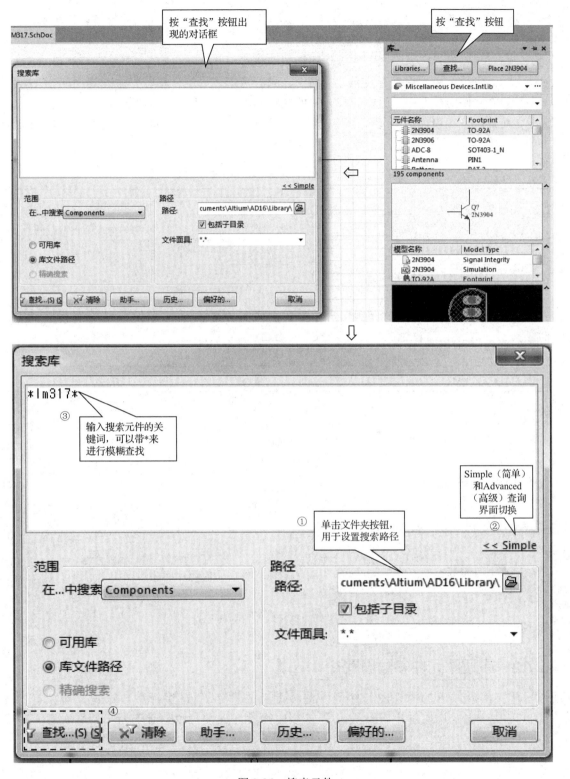

图 3-24　搜索元件

（3）"库文件路径"单选按钮，对已经设好的"路径"中的库元件进行搜索，通常，在不知道元件属于哪个库情况下，要选择本项。

（4）"精确搜索"系统在上次查找的结果中进行查找。

（5）"路径"用于设置查找元件的路径，只有点选"库文件路径"才有效。

（6）"文件面具"用于设定查找元件的文件匹配符号，"*"表示匹配任何字符串。

LM317 可调稳压电源元件清单如表 3-1 所示，PCB 设计中将要使用的元件如图 3-25 所示。

表 3-1　LM317 可调稳压电源元件清单

元件类型和代码	原理图库中名称	元件库
电源接插 P1 P2	Header 2	Miscellaneous Connectors.IntLib
二极管 D1～D5	Diode	Miscellaneous Devices.IntLib
无极性电容 C2、C3、C5	Cap	
电解电容 C1、C4	Cap Pol2	
电阻 R1、R2	Res2	
发光二极管 D6	Led0	
三端稳压管 LM317	U1	Query Results

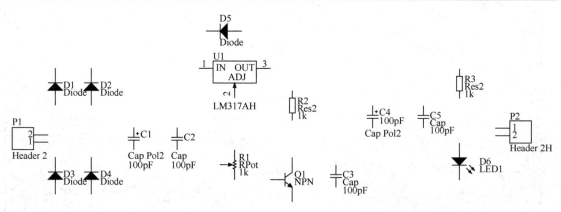

图 3-25　LM317 可调稳压电源元件放置

3.7.2　原理图元件参数设置

从元件库取出的原理图元件可以按键盘上的"Tab"键进行参数设置，对放好的元件也可以双击鼠标左键进行参数设置或参数修改。如图 3-26 所示为元件参数设置对话框。

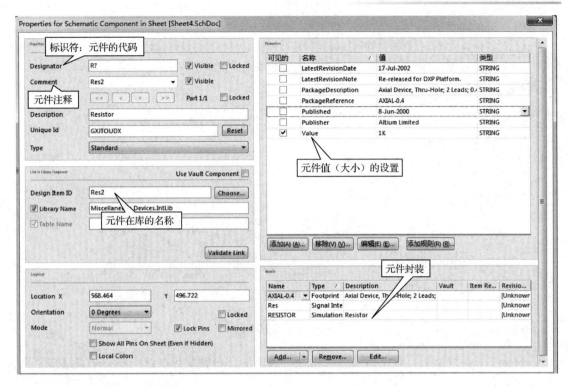

图 3-26　元件参数设置对话框

3.8　原理图元件的布局调整

3.8.1　元件方向调整

刚从元件库中放置到原理图编辑区（图纸）的元件，它的方向默认是水平的，也可以利用键盘上的按键进行方向改变。

"空格"键：每按一次，元件逆时针方向旋转 90°，如图 3-27 所示。

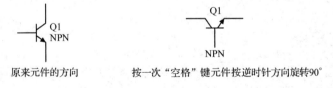

原来元件的方向　　　　按一次"空格"键元件按逆时针方向旋转90°

图 3-27　元件方向改变

"鼠标左键+X"键：元器件左右翻转。

"鼠标左键+Y"键：元器件上下翻转（以 X 轴为对称轴翻转）。

3.8.2　元件的选取

（1）单个元件的选取。

选取单个元件时，只需将鼠标移到待选择的元件上，单击鼠标左键即可。

（2）多个元件的选取。

选取多个元件时，需要先按住鼠标左键不放，出现米字形光标，然后移到鼠标，光标下方出现矩形虚线框，用虚线框框住待选取的元件，如图 3-28 所示。

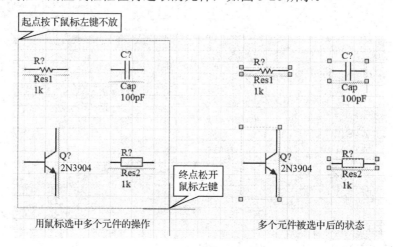

图 3-28　元件的选取

对多个元件的选取，也可以按住"Shift"键不放，单击鼠标左键一个一个点选需要选择的元件。

（3）选取状态的撤销。

单击图纸的空白处，可以取消元件的选中状态。

3.8.3　元件的复制、粘贴、删除

在元件选中状态，单击鼠标右键，在弹出的对话框选择"拷贝"，或者在元件选中状态，按下"Ctrl+C"组合键复制，然后按"Ctrl+V"组合键进行粘贴。

3.9　原理图元件的连线

3.9.1　布线工具栏

放置在编辑器上的原理图元件，还要用导线将各引脚按原理图的逻辑关系连接好，导线可以用布线工具栏上的【放置线】工具来连接。布线工具栏一般会在编辑器上默认显示，如果没有显示，可以执行菜单命令【查看】→【Toolbars】→【布线】调出如图 3-29 所示的布线工具栏。布线工具栏的部分功能说明如图 3-30 所示。

图 3-29　布线工具栏

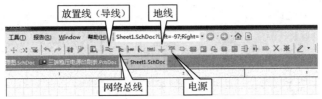

图 3-30　布线工具栏的部分功能说明

3.9.2　连接导线

以 LM317 可调稳压电源中的四个桥式整流二极管的导线连接为例，讲解连接导线的步骤。

第一步：用鼠标单击工具栏中的【放置线】工具，鼠标光标变成米字形，此时可以按下键盘上的"Tab"键出现如图 3-31 所示导线参数设置对话框。没有特殊要求，可以用默认的，不需要修改。

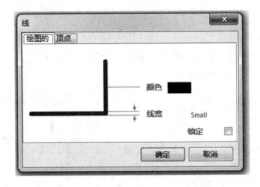

图 3-31　导线参数设置对话框

第二步：把十字光标移动到元件引脚上，光标变为米字形，如图 3-32 所示，单击待连接的元件引脚，元件就连好了导线，光标如果还是十字形，表示还在导线绘制状态，可以单击需要连接的引脚。连接导线需要拐角转弯的地方，单击一下鼠标就可以转弯。

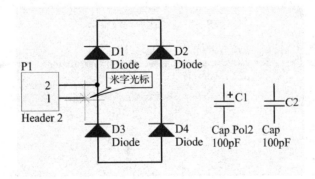

图 3-32　元件连接导线

第三步：放置节点。

原理图中的节点表示相交的导线连接在一起，连接导线时，对于"T"字形的相交导线会自动添加节点（如图 3-33 所示），对于一些交点较多的地方，要人工放置节点，可执行菜单命令【放置】→【手工节点】来完成。

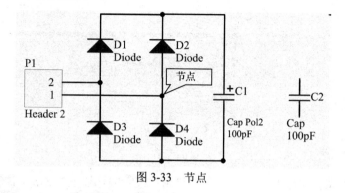

图 3-33　节点

3.10　放置电源和接地端口

电源端口可以通过工具栏上的【Vcc 电源端口】命令放置，也可以通过菜单命令【放置】→【电源端口】放置。放置好后，可以通过【Tab】键或双击图标在出现的对话框中进行颜色、显示名称和图标类型（风格）设置。接地端口（地线）操作类似放置电源接口的操作。放置电源和接地端口过程如图 3-34 所示。

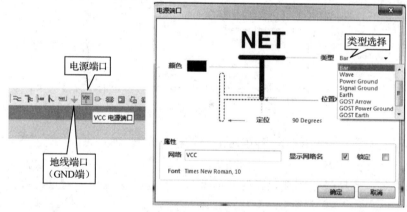

图 3-34　电源和地线端口

设计布线完成的 LM317 稳压电源电路如图 3-35 所示。

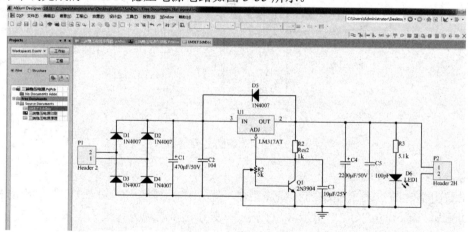

图 3-35　设计布线完成的 LM317 稳压电源电路

思考与练习

3.1 原理图绘制的一般流程有哪些步骤？

3.2 绘制如图 3-36 所示的电子幸运转盘电路图，电子幸运转盘元件清单如表 3-2 所示。

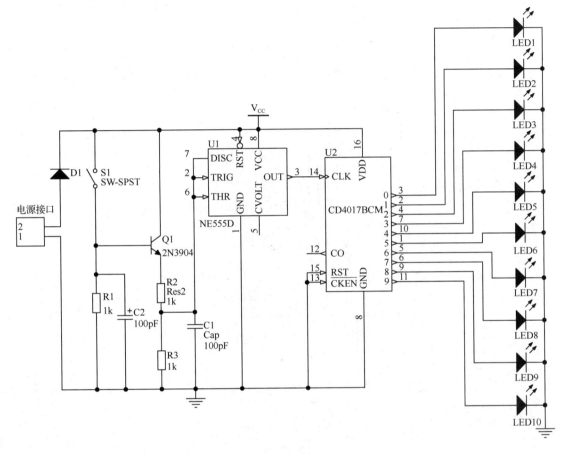

图 3-36 电子幸运转盘电路图

表 3-2 电子幸运转盘元件清单

序号	名称	型号	编号代码	序号	名称	型号	编号代码
01	电阻	10k	R2、	08	轻触开关		S1
02	电阻	470k	R16、R3	09	IC 座	8PIN	U1
03	电容			10	IC 座	16PIN	U2
04	电容	47μF	C2	11	集成电路	NE555	U1
05	电容	1μF	C1	12	集成电路	CD4017	U2
06	LED	φ5，红	LED1～LED10	13	PCB 板		
07	三极管	2N3904	Q1	14			

3.3 绘制如图 3-37 所示的流水灯原理图电路，流水灯元件清单如表 3-3 所示。

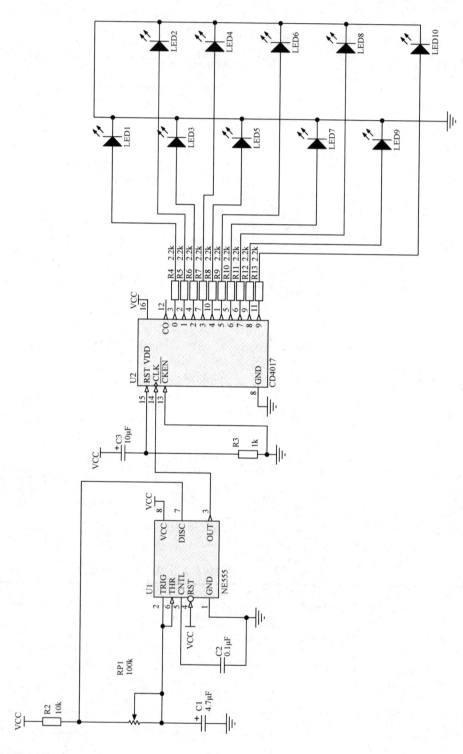

图 3-37　流水灯原理图电路

表 3-3　流水灯元件清单

序号	名称	型号规格	编号 代码	序号	名称	型号规格	编号 代码
1	集成电路	NE555	U1	7	电池盒	2节5号	
2	集成电路	CD4017	U2	8	瓷片电容	0.01μF	C2
3	电阻	10k	R2	9	发光二极管	φ5，红	LED1～LED10
4	电位器	100k	RP1	10			
5	电阻	1k	R3	11			
6	电解电容	1μF	C1	12			

教学微视频

扫一扫

第四章
原理图后续处理

 本章要点

（1）在设计完成原理图后进一步进行优化，使得原理图更加清晰。
（2）打印输出优化后的原理图，便于进行阅读交流等。
（3）优化实训：LM317可调稳压电源原理图的优化。
（4）打印输出实训：LM317可调稳压电源电路的输出。

 教学目标

（1）了解原理图的后续处理的作用意义。
（2）初步掌握如何对原理图进行进一步优化。
（3）初步掌握原理图纸的设置及注释说明。
（4）能看懂简单常用的编译查错信息。
（5）初步掌握原理图的输出及物料清单的输出。

4.1 原理图优化

经过上一章的学习，我们初步掌握了电路原理图的绘制方法。当一个电路原理图绘制完成后，往往还需要进一步的处理，例如，优化元器件的摆放结构、图纸的尺寸、原理图的打印、报表的输出等，以方便原理图的阅读，以及对外交流。本节继续以LM317可调稳压电源的原理图为例来学习 Altium Designer 16 的原理图绘制。上一章所绘制完成的电路原理图如图4-1所示。

4.1.1 图纸的设置

在绘制原理图时，由于不同的设计要求导致了所绘制出来的电路图复杂程度不同，有时需占用较大的设计图纸版面，而有时只需较小的图纸版面。此时就需要对图纸进行设置。Altium Designer 16 会在建立原理图文档时自动给出默认的原理图图纸参数，但该默认的参数不一定适合用户的需求，用户可以根据设计对象的复杂程度来进行修改。

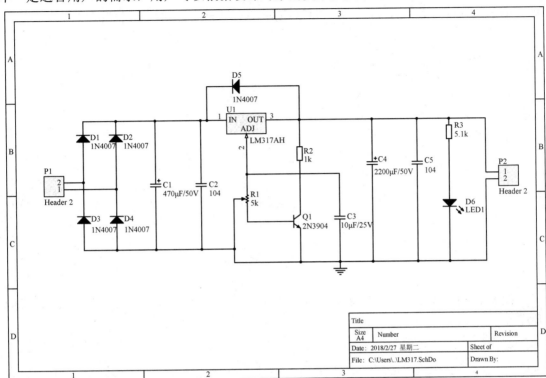

图 4-1　LM317 可调稳压电源原理图

选择菜单栏中的【设计】→【文档选项】命令，或在编辑窗口任意空白地方单击鼠标右键，在弹出的菜单中选择【选项】→【文档选项】命令，系统将弹出【文档选项】对话框，如图 4-2 所示。

图 4-2　【文档选项】对话框

在该对话框中，有"方块电路选项"、"参数"、"单位"、"Template"等四个选项卡，其中"方块电路选项"主要对电路的图纸进行环境参数的设置。在此选项卡中可以将 LM317可调稳压电源原理图设置成合适的尺寸。

在"方块电路选项"选项卡中，单击对话框右边自定义风格部分，选中"使用自定义风格"后的复选框，图纸的自定义大小将被激活，这时可以对图纸进行设置，如图 4-3 所示。

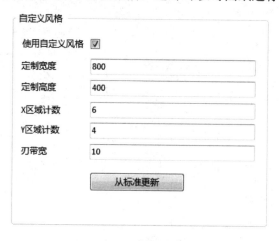

图 4-3 自定义风格参数设置

如图 4-3 所示输入相应的参数后，LM317 可调稳压电源原理图的图纸环境将变为如图 4-4 所示。

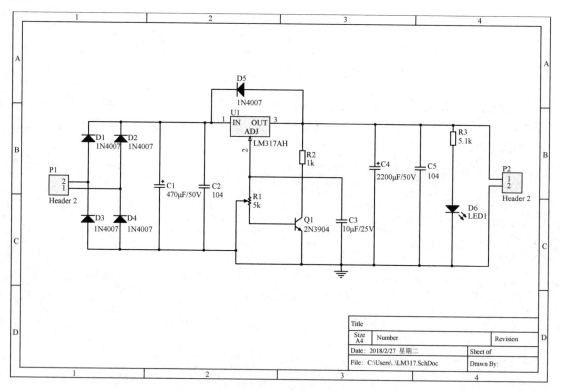

图 4-4 设置后图纸环境

在"方块电路选项"选项卡中，有三个参数是与图纸尺寸相关的，分别是"定位"、"标准风格"、"自定义风格"。

选择"定位"下拉列表框可以设置图纸的方向，可以设置为水平方向（Landscape）也可以设置为垂直方向（Portrait）。当设置图纸为标准尺寸的图纸时可以使用"标准风格"方式，在"标准风格"下拉列表框中系统给出了标准的图纸尺寸，分别有公制尺寸（A0-A4）、英制尺寸（A-E）、CAD 标准尺寸（CAD A-CAD E），以及其他常用的图纸尺寸，可以根据不同的需求进行选择。

4.1.2　说明与注释

为了方便读图及对电路原理进行阐述，在绘制完成电路原理图后可以对电路原理图添加一些必要的说明与注释，使得原理图更清晰，可读性更强。常用的方法有两个，一是通过添加标题栏进行图纸的参考说明，二是利用图形工具在电路原理图中进行标注。这两种方法均不具有电气特性，对电路的电气连接不产生任何影响。

1. 标题栏的修改

选择菜单栏中的【设计】→【文档选项】命令，弹出【文档选项】对话框，在"参数"选项卡中，找到名称为"Title（标题）"的参数并把值改为"LM317 可调稳压电源原理图"，如图 4-5 所示。

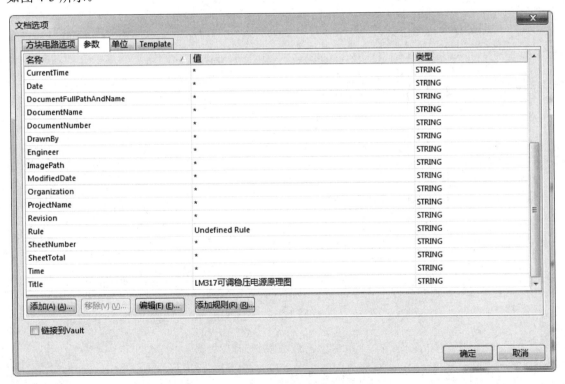

图 4-5　标题参数修改

选择菜单栏中的【放置】→【文本字符串】命令，然后按下键盘的"Tab"键，会弹出【标注】对话框，在"文本"后的下拉列表框中选择"=Title"，如图 4-6 所示。

单击【确定】按钮后，光标处将出现"LM317 可调稳压电源原理图"字样，将其放在右下角标题栏的"Title"栏中，作为该电路原理图的标题名称，效果如图 4-7 所示。

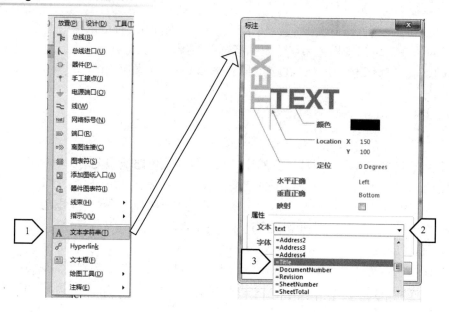

图 4-6 【标注】对话框设置

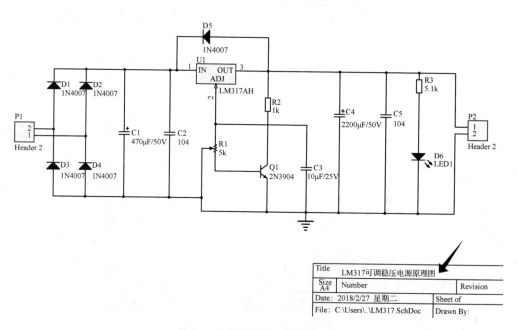

图 4-7 标题栏添加原理图标题

标题栏的其他参数修改与标题的修改方法相同，通过对标题栏的信息完善，使得电路原理图更加完善。

2. 绘图工具

选择菜单栏中的【放置】→【绘图工具】命令，打开各项图形绘图工具命令，也可以通过单击实用工具栏中的图形工具图标打开各项图形命令，包括弧、椭圆弧、椭圆、饼形图、线、矩形、圆角矩形、多边形、贝塞尔曲线及图像，如图 4-8 所示。

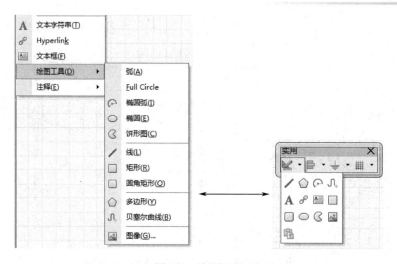

图 4-8　绘图工具

使用绘图工具为 LM317 可调稳压电源原理图添加辅助说明及原理图功能说明。选择菜单栏中的【放置】→【文本字符串】命令，会出现一个"Text"跟随着鼠标，按下键盘上的"Tab"键会弹出【标注】对话框，在【标注】对话框属性模块的文本框中填入"接交流变压器"后单击【确定】按钮，将文本放置在 P1 接口的左边，为电路的输入接口端"P1"添加说明。【标注】对话框可以对文本标注的颜色、位置、大小、字体等进行设置，如图 4-9 所示。

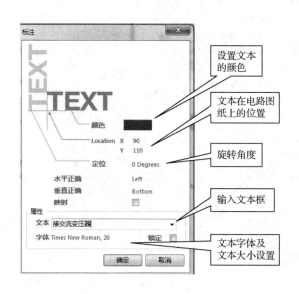

图 4-9　【标注】对话框

在原理图纸的左下方添加电路原理说明，并放置绘图工具中的圆角矩形以便区分。选择菜单栏中的【放置】→【绘图工具】→【圆角矩形】会出现一个圆角矩形跟随着鼠标，按下键盘上的"Tab"键会弹出【圆形 长方形】属性设置对话框，如图 4-10 所示。

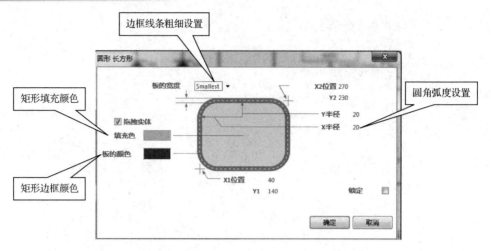

图 4-10 【圆形 长方形】属性设置对话框

进行合理设置后将圆角矩形放置在电路图的左下方，并选择菜单栏中的【放置】→【文本框】添加电路原理说明，选择菜单栏中的【放置】→【文本框】会出现一个虚线方框跟随着鼠标，按下键盘上的"Tab"键会弹出"文本结构"属性设置对话框，按需求进行参数的设置，单击属性模块中的文本【改变…】按钮，在系统弹出的【TextFrame Text】对话框中输入电路原理图的功能说明，如图 4-11 所示。修改完成后实现如图 4-12 所示效果。

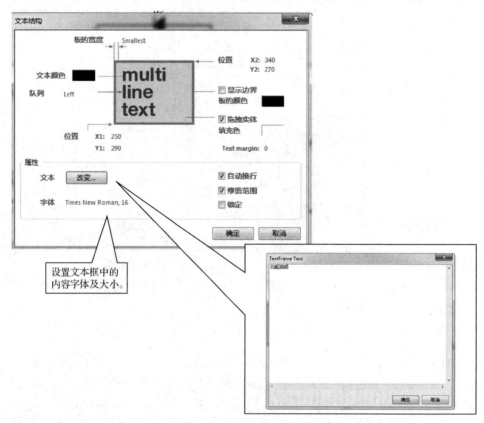

图 4-11 文本结构属性设置

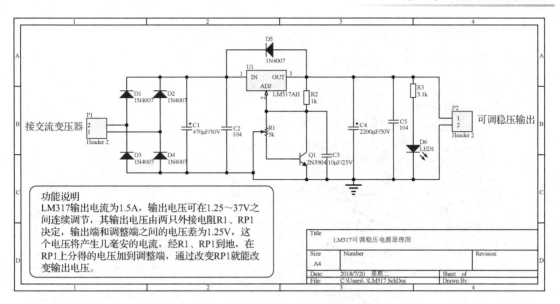

图 4-12 LM317 可调稳压电源原理图设置后的效果

4.1.3 总线与网络标签

总线（Bus）是将同一类型的并行信号线以线束的形式集合放置在电路图中，对于较复杂的电路图设计项目，合理使用总线能够大大简化原理图，可以使原理图更加整洁、美观，可读性强。但是总线本身没有电路连接意义，只是一种对电路原理进行简化表示的方法。使用总线时需结合网络标签。放置总线有三种方式：使用快捷键"P+B"可以快速切换到放置总线；在工具栏中选择 Place Bus 图标；选择菜单栏中的【放置】→【总线】命令。进入放置总线绘制状态后按下键盘上的【Tab】键，弹出【总线】属性对话框，如图 4-13 所示。

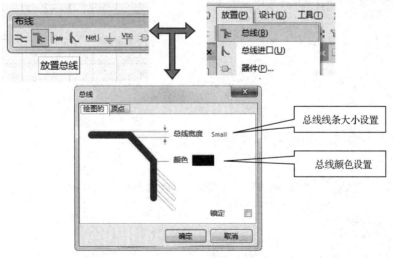

图 4-13 【总线】属性对话框

对属性进行设置后可以在电路图上进行总线的绘制，以常用的单片机外接一组 LED 发光二极管电路为例进行绘制总线。如图 4-14 所示。

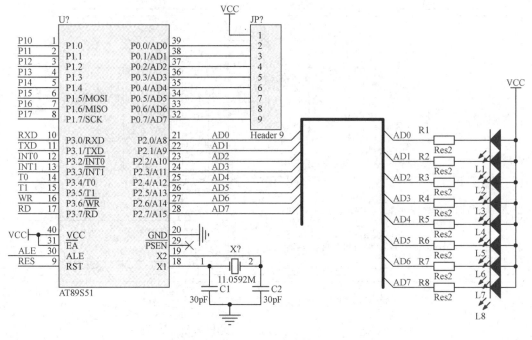

图 4-14　总线连接

在 Altium Designer 16 中使用总线分支线进行单一导线与总线的连接。选择菜单栏中的【放置】→【总线入口】命令，这时光标会变成十字形状，在导线与总线之间单击鼠标左键，即可放置总线分支线，同时在该命令状态时按键盘上的"Tab"键，即可打开【总线入口】属性对话框，如图 4-15 所示。

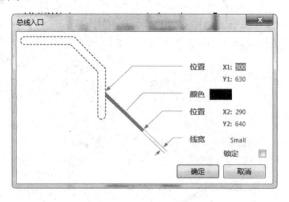

图 4-15　总线入口属性对话框

放置总线分支线后，总线相同网络标签的线段实现了电路的电气连接。如图 4-16 所示。

4.1.4　编译查错

Altium Designer 16 提供有电气检测原则，可以对原理图的电气连接特性进行自动检查，检查后的错误信息将在【Messages】工作面板中列出，同时也会在原理图中标注出来。用户可以先对检测规则进行设置，然后再对所绘制原理图的连接进行检测。Altium Designer 16 只能对原理图进行基本的电气连接检测，对于原理图整体不一定能检测出错误，所以如果检测后的【Messages】工作面板中并无错误信息，这并不代表该原理图的设计完全正确，还需要将网络表中的内容与所要求的设计反复对照和修改，直到完全正确为止。

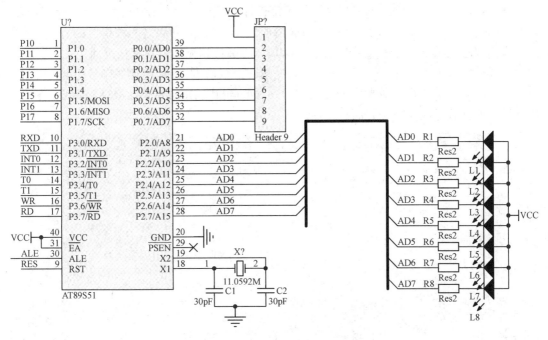

图 4-16 使用总线进行连接的电路

选择菜单栏中的【工程】→【Compile Document...（文件名）】命令，软件将对文件编译并生成错误信息。自动检测结果出现在【Messages】面板中，打开信息面板能够对编译的结果进行查看。

打开【Messages】面板可以通过选择菜单栏中的【查看】→【Workspace Panels】→【System】→【Messages】命令查看，如图 4-17 所示。也可以通过单击工作窗口右下角【System】标签，然后选择【Messages】菜单项，如图 4-17 所示。

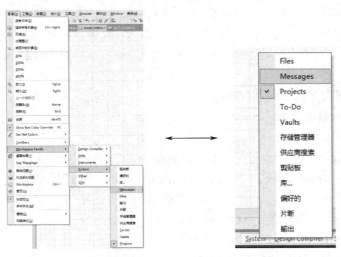

图 4-17 如何打开【Messages】面板

单击【Messages】面板命令后弹出【Messages】信息面板，面板中给出了编译的结果信息。应注意关注其中的报错信息，包括四种不同的错误警告信息，分别是 Fatal error（重大错误）、Error（错误）、 Warning（警告），No Report（不报告，即无错误）。其中错误等级最高为 Fatal error（重大错误），其次是 Error（错误），当编译后出现这两种错误的情况，系统会自动弹出【Messages】面板，并显示错的地方，而警告和无错误需视情况而定。

对设计完成的 LM317 可调稳压电源原理图进行编译查错，利用软件自带的文件编译功能进行文件的编译。选择菜单栏中的【工程】→【Compile Document LM317.SchDoc】命令，按上述方法打开【Messages】面板，如图 4-18 所示。

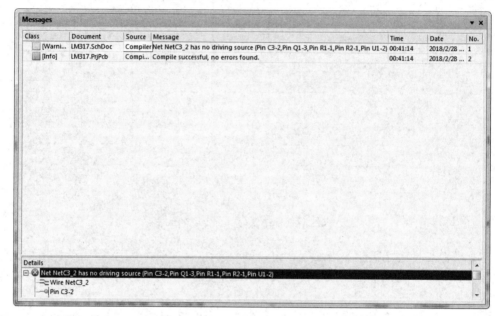

图 4-18 【Messages】面板

双击提示错误的信息，工作窗口将自动跳转到电路图所对应的对象行，该对象被系统进行了突出显示，而其他无关的元件被遮挡。【Messages】面板提示的信息为 "Net C3-2 has no driving source" 即输入型引脚未连接或没有信号出入，根据电路原理，此警告信息可以忽略。

在电路原理图编译的过程中，掌握一些经常出现的错误能有效提高电路原理图的设计与检查的效率。

1. 原理图常见编译错误及解决方法

（1）Compiler Duplicate Component Designators

含义：元器件标号重复。

解决方法：重新对两个元器件标识不同的标号。

例：Compiler Duplicate Component Designators C2 at 618,172 and 495,450，有两个标识为 C2 的元件，分别位于坐标（668,972）和 (795,650)两个位置。

（2）Compiler Floating Power Object

含义：电源元件悬浮未连接。

解决方法：查看原因，确保所有电源元件（GND VCC 等）连接到相应的器件，如果多余则删除。

例：Compiler Floating Power Object GND，悬浮接地元件。

（3）Compiler Net xxx has no driving source

含义：输入型引脚未连接或没有信号出入。

解决方法：①确保原理图已经导入到建立并保存好的 project 里；②将提示出错的网络处接入的引脚修改为 passive 类型的引脚（被动元件引脚）。

例：Compiler Net C3-2 has no driving source，网络 C3-2 处缺乏驱动源。

（4）Compiler Extra xxx in Normal of xxx

含义：元件封装不正确或缺失。

解决方法：重新加载元器件封装。

例：Compiler Extra Pin U2-1 in Normal of part U2B，U2 元件封装不可用，可能封装被删除或者封装错误。

（5）Compiler Unique Identifiers Errors

含义：元器件唯一标识符错误。

解决方法：①在新放置元器件时注意元件的标识符，避免出现同一标识符；②在 SCH 界面中通过【Tools】→【Convert 】→【Reset Component Unique IDs】进行标识符重置。

（6）Compiler Component xxx has unused sub-part

含义：器件存在未使用部分。

解决方法：①将完整的器件部分都添加到原理图上，警告就会去除；②忽略此警告信息，不影响后续电路的项目开展。

例：Compiler Component U1 LM324 has unused sub-part (2)，U1 器件的第二部分未使用。

2. 常见错误报告解释

（1）检测错误。

① Component Implementation with duplicate pins usage：原理图中元件的引脚被重复使用了。

② Component Implementation with invalid pin mappings：元件引脚封装无效。

③ Component containing duplicate sub-parts：元件中包含了重复的子元件。

④ Duplicate Part Designator：存在重复的元件标号。

⑤ Missing Component Models：元件模型丢失。

（2）连接错误。

① Conflicting Constraints：属性出现冲突。

② Duplicate sheet numbers：在画多层原理图时，同一项目出现重复的图纸编号。

③ Missing child sheet for sheet symbol：在画多层原理图时，方块电路图中缺少对应的子原理图。

④ Port not linked to parent sheet symbol：子原理图中电路端口与主方块电路中端口间的电气连接错误。

⑤ Duplicate Nets：原理图中出现了重复的网络。

⑥ Nets with multiple names：同一个网络被附加多个网络名。

⑦ Unconnected wires：原理图中存在没有电气连接的导线。

⑧ Object not completely within sheet boundaries：对象超出了原理图的范围，可以通过改变图纸大小的设置来解决。

（3）参数错误。

① Same parameter containing different types：相同的参数被设置了不同的类型。

② Same parameter containing different values：相同的参数被设置了不同的值。

4.2　打印输出

当完成了原理图的设计后，经常需要将所绘制的原理图进行打印或是数据的输出。Altium Designer 16 有很强大的文件输出能力，可以根据不同的需要来输出不同的报表或文件。

4.2.1　原理图的打印输出

与其他的软件类似，Altium Designer 16 本身提供了直接打印的功能，当需要将软件所绘制完成的原理图打印到图纸上时，可以通过设置，直接用打印机将原理图打印到图纸上。

电路原理图打印需进行页面的设置，选择菜单栏中的【文件】→【页面设置】命令进入页面设置对话框，在对话框中进行各项设置，如图 4-19 所示。

此外，选择菜单栏中的【文件】→【打印】命令直接进入打印界面对话框也可以进行打印输出，如图 4-20 所示。

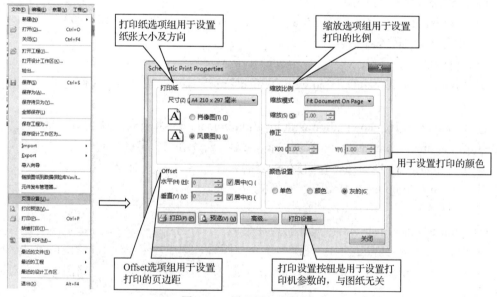

图 4-19　原理图打印设置

4.2.2　原理图文件的 PDF 格式输出

原理图除了以源文件的格式存在以外，为了方便阅读交流，也经常会转换为 PDF 格式文件进行保存，Altium 软件提供了强大的 PDF 导出能力。选择菜单栏中的【文件】→【智能 PDF】命令弹出 PDF 导出向导对话框，然后再根据需求对导出向导对话框中的各参数进行设置，最终将原理图以 PDF 格式进行输出，如图 4-21 所示。

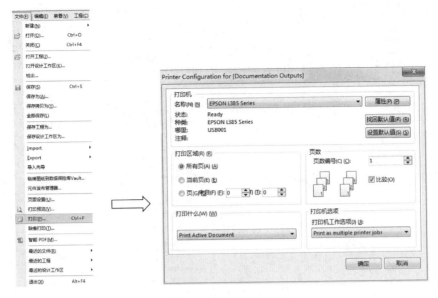

图 4-20 打印机设置

4.2.3 生成物料清单（BOM 表格）

电路项目设计完成后，需要生成物料清单用于对设计项目所使用到的物料元件进行归档整理，以便于后期的采购及电路的装接。物料清单中主要包括所有元件的标识、数值、封装、参数等，项目中各元件的详细信息。

以"LM317 可调稳压电源原理图"为例，学习如何生成物料清单（BOM 表格）。

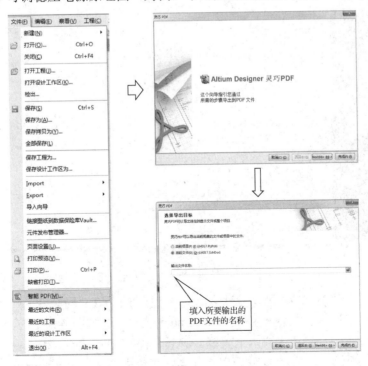

填入所要输出的
PDF 文件的名称

图 4-21 智能 PDF 文件输出

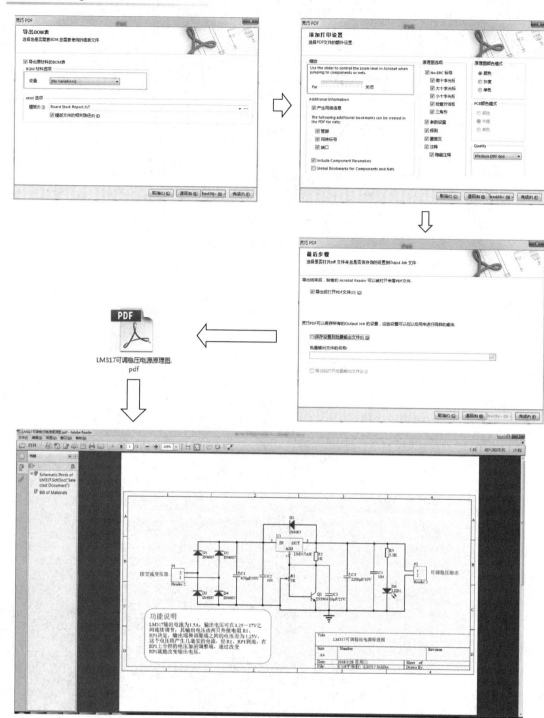

图 4-21　智能 PDF 文件输出（续）

打开工程中原理图文档，可以通过菜单命令【报告】→【Simple BOM】，如图 4-22 所示。

在 Projects 工程目录中会产生一个 Generated 文件夹，如图 4-23 所示，在其下方的 Text Documents 文件夹中会自动生成两个简单 BOM 文件*.BOM 与*.CSV 文件，双击打开 BOM 文件，如图 4-23 所示。这两个文件会保存在当前工程中的【Project Output】文件夹中。其中

Comment 为元件的注释说明，Pattern 为元件封装，Quantity 为元件数量，Components 为元件的标号，最后无标题的为备注信息。

图 4-22 Simple BOM 命令操作

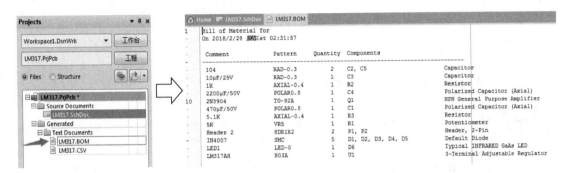

图 4-23 简单报表生成

思考与练习

4.1 原理图后续处理一般有哪些方法？

4.2 尝试用绘图工具在电路原理图上绘制一个属于自己的标志。

4.3 为什么要生成物料清单？

4.4 对上一章的思考与练习中的两个电路图进行后续处理。

教学微视频

扫一扫

第五章 创建原理图元件

本章要点

本章要点

（1）创建原理图元件的重要性和必要性。

（2）查找原理图元件的方法。

（3）创建原理图元件的方法。

教学目标

（1）了解创建原理图元件的必要性和重要性。

（2）了解原理图元件的构成。

（3）掌握单一子件原理图元件和包含多个子件的原理图元件的创建方法。

5.1 放置原理图元件经常会遇到的问题

通过学习前面章节的内容，我们掌握了简单原理图的基本绘制方法和步骤，从文件的创建到元件的放置及属性编辑，到使用相关工具连接电路等。在绘制电路原理图的过程中，首先要多浏览并熟悉常用元件库中的元件名称及对应的图形符号，这有助于快速找到元件。对于初学者而言，在实际的绘制原理图的过程中经常会遇到的问题主要有以下几个。

（1）知道原理图元件的图形符号和名称，但不知道其位于哪个元件库中。

（2）元件库中没有所需要的原理图元件。

（3）元件库中能找到同型号的原理图元件，但元件图形符号与实际需要的元件有差异。

对于以上几个问题，我们将在以下内容中给出解决方法。

5.2 查找元件

有些元件并不在常用元件库中，而是在其他元件库里，此时，可以使用查找方法找到元件。单击【库】界面中的【查找】按钮，如图 5-1 所示，弹出如图 5-2 所示对话框，在最上面空白处输入所要查找元件的名称，选择左下角的"库文件路径"，然后单击左下角的【查找】即可。

提示：Altium Designer 16 自带的元件库比较少，可安装使用 DXP 中的元件库。

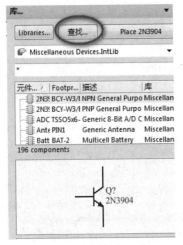

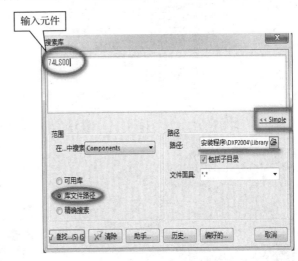

图 5-1　【库】界面　　　　　　　　　　　　图 5-2　查找元件

有些元件在元件库中根本没有，查找不到，在这种情况下，绘图者只能自己创建元件。

5.3　创建原理图元件

5.3.1　创建原理图元件的必要性

随着电子技术的飞速发展，新的电子元器件不断涌现，Altium Designer 16 的元件库中不可能包含所有绘图者需要的元件符号，特别是 AD16 平台推出以后才出现的新元件和非标准的元件，此时，绘图者必须自己创建所需的原理图元件。

5.3.2　原理图元件的制作方法

以创建七段数码管为例介绍原理图元件的制作方法。

（1）创建一个"原理图库"文件。选择菜单栏中的【文件】→【新建】→【库】→【原理图库】命令，如图 5-3 所示，创建一个默认名为"schlib1.schlib"的库文件，可根据需要重命名，并保存库文件。

（2）定义元件属性。

如图 5-4 所示，单击元件编辑管理器"SCH Library"工作面板中的【编辑】按钮（或双击默认元件 Component_1），弹出属性对话框，如图 5-5 所示。

定义元件主要属性：

Default Designator　默认元件标识符（编号）：D?；

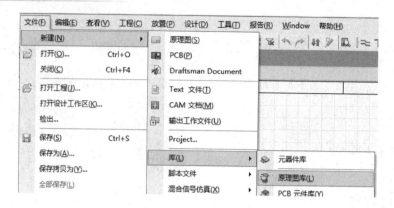

图 5-3 创建原理图库文件

图 5-4 打开元件属性对话框

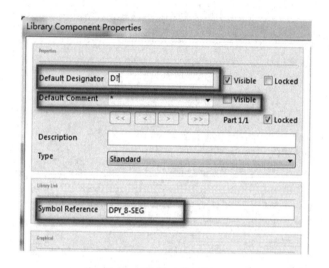

图 5-5 编辑元件属性

Default Comment   默认注释：可输入元件的型号、规格；
Symbol Reference   库参考（元件在库中的名字）：DPY_8-SEG；
其他参数不变，修改完后，单击【确定】按钮即可，效果如图 5-5 所示。

（3）绘制元件外形。

① 绘制矩形外框。

选择菜单栏中的【放置】→【矩形】命令，或单击实用工具条中"放置矩形" 图标绘制矩形外框（如图 5-6 所示）。放置时，首先单击鼠标左键，确定矩形的左上角顶点，然后拖动鼠标至适当大小，再次单击鼠标左键，确定矩形的右下角顶点。放置后的矩形如图 5-7 所示。此矩形的大小可根据需要随时调整。

② 绘制数码管的外形 "8." 。

数码管的外形 "8." 由七段线和一个圆点组成，选用"放置线"工具绘制一段长度合适的直线，根据需要设置好"线宽"和"颜色"，如图 5-8 所示。再用"放置椭圆"工具绘制一个小圆形，根据需要设置好圆的"半径"和"填充色"即可，如图 5-9 所示。"8."绘制完毕后的效果如图 5-10 所示。

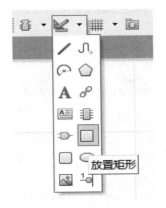

图 5-6　实用工具条

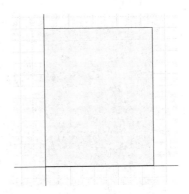

图 5-7　绘制矩形框

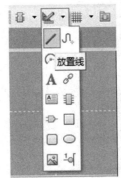

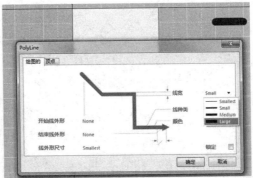

图 5-8　直线属性设置

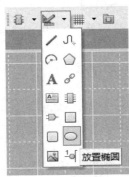

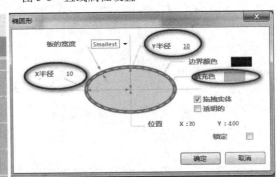

图 5-9　圆属性设置

图 5-10　数码管的外形"8."

（4）放置元件引脚。

选择菜单栏中的【放置】→【引脚】命令，或单击实用工具条中"放置引脚"图标，放置前按下 Tab 键，弹出【引脚属性】对话框，如图 5-11 所示。

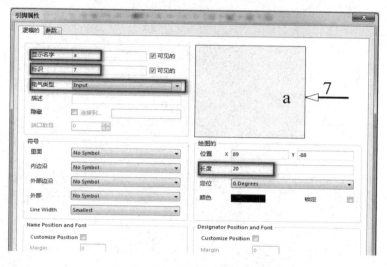

图 5-11 【引脚属性】设置对话框

设置引脚属性如下。

显示名称：引脚显示名称，共十个引脚依次输入 a、b、c、d、e、f、g、dp、com 和 com。

标识：引脚序号，在这里依次输入 7、6、4、2、1、9、10、5、3、8。

电气类型：除 3 脚和 8 脚选用 Power 外，其余引脚均选用 Input。

引脚长度：20mil。一般为单元格的整数倍比较好。

提示：

（1）放置元件引脚时须注意方向，有十字标注（连接热点）一端朝外，否则，没有电气连接。正确放置方法如图 5-12 所示。

（2）引脚须置于格线上，其连接热点须置于格点上。

（3）引脚放置完成后，可对矩形框做合适的调整，若太大，可适当调小，若太小，可适当调大。

（4）元件绘制不可远离坐标原点，一般置于第四象限，靠近原点。

绘制完成后效果如图 5-13 所示。

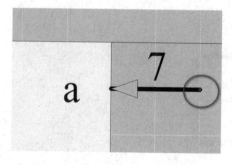

图 5-12 放置引脚

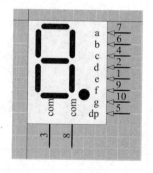

图 5-13 绘制完成后效果

（5）保存原理图元件库。

单击【保存】按钮或工具栏图标 按钮，一个完整的元件库就制作完成了。

5.3.3　多子件元件的制作

以创建 74LS00 为例介绍多子件元件的制作方法。

由 74LS00 的内部结构和引脚排列（如图 5-14 所示）可看出，其由四个独立的与非门子件组成，在绘制原理图时，根据需要调用独立的子件。其原理图符号的制作与单子件元件有所区别。

制作方法与步骤如下。

（1）选择菜单栏中的【工具】→【新元件】命令，弹出新元件名称对话框，输入新元件名称"74LS00"，表示自制的元件在库中的名字叫 74LS00。

（2）绘制 74LS00 的第一个子件 Part A。如图 5-15 所示。

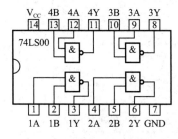

图 5-14　74LS00 引脚排列图　　　　　　图 5-15　子件 Part A

使用实用工具条中"放置线"和"放置椭圆弧"工具绘制 Part A 的外形轮廓（注意：大小要合适，可调取库中类似元件进行参考），然后放置元件引脚，并编辑其属性。（注意：引脚要放在格点和格线上）

提示：1、2 脚均为 Part A 中的输入引脚，故其电气类型设置为"Input"，而 3 脚为输出引脚，故其电气类型设置为"Output"，其表示"非"的小圆圈在"符号"/"外部边沿"中设置，选择"Dot"，操作如图 5-16 所示。

Part A 绘制完毕，效果如图 5-17 所示。

（3）绘制第二个子件 Part B。

绘制完第一个子件后，选择菜单栏中的【工具】→【新部件】命令，添加 Part B，操作如图 5-18 所示。然后复制子件 Part A 并粘贴到 Part B 中，将引脚序号做相应修改即可。Part C 和 Part D 的制作方法与 Part B 相同。结果如图 5-19 所示。

（4）电源引脚与接地引脚的放置及隐藏。

元件中只有一个电源脚，为 14 脚，也只有一个接地脚，为 7 脚。但在实际使用过程中，放置出来的每一个子件都能看到有 7 脚和 14 脚的效果，这并不代表这个元件有四个 7 脚和四个 14 脚，不能在每一个子件中都放置 7 脚和 14 脚。只需要在一个子件，比如在 Part A 中放置，然后进行正确处理即可。

① 放置电源脚和接地脚。

在分别绘制好 Part A、Part B、Part C 和 Part D 后，再次回到 Part A，放置 7 脚和 14 脚，双击引脚，在引脚属性对话框中（如图 5-20 和 5-21 所示），将"电气类型"设置为 Power、将"端口数目"修改为"0"，即可在四个子件中都能看到有 7 脚和 14 脚的效果。

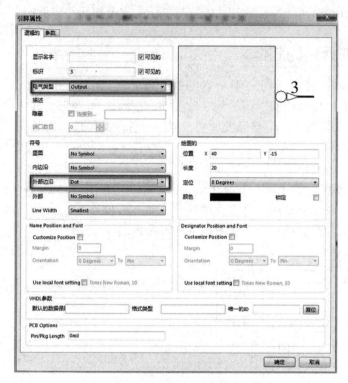

图 5-16　设置引脚属性

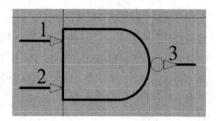

图 5-17　Part A 效果

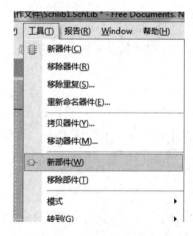

图 5-18　添加新子件

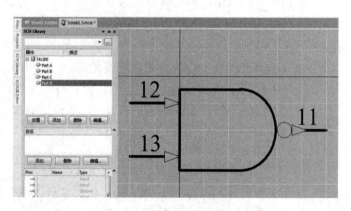

图 5-19　绘制完成后效果

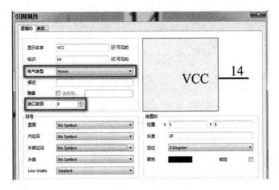

图 5-20　设置电源脚属性　　　　　　　　　图 5-21　设置接地脚属性

② 隐藏电源脚和接地脚。

在元件引脚属性对话框中（如图 5-22 所示），选中"隐藏"后面的复选框"□"，在"连接到"后面的括号"（　　）"中正确填入电源和接地脚的通用网络名称 VCC 和 GND 即可。

图 5-22　隐藏电源脚和接地脚

思考与练习

（1）绘制如图 5-23 所示的四位数码管 DPY_7_SEG。

（2）绘制如图 5-24 所示的变压器 Trand CT。

（3）绘制如图 5-25 所示的光电耦合器 Opto TRIAC。

（4）绘制如图 5-26 所示的继电器 Relay。

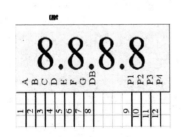

图 5-23　四位数码管 DPY_7_SEG

图 5-24　变压器 Trand CT

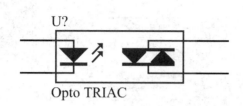

图 5-25　光电耦合器 Opto TRIAC

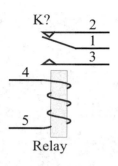

图 5-26　继电器 Relay

（5）绘制如图 5-27 所示的多子件原理图元件 74LS08，并将 7 脚 GND 和 14 脚 VCC 隐藏。

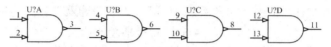

图 5-27　多子件原理图元件 74LS08

教学微视频

扫一扫

第六章 绘制层次电路原理图

本章要点

（1）层次电路原理图简介。
（2）层次电路原理图的设计方法及绘制方法。
（3）层次电路原理图的查错及编译。
（4）层次电路原理图的网络表、元件清单、报表、原理图纸的输出。

教学目标

（1）了解层次电路原理图的基本概念。
（2）掌握绘制层次电路原理图常用工具的作用。
（3）掌握层次电路原理图的设计方法及绘制方法。
（4）掌握层次电路原理图的报表、图纸的输出。

6.1 层次电路原理图简介

前面已经介绍了在同一张原理图图纸上绘制一个完整的电路系统，这种电路原理图绘制方式适用于规模比较小、逻辑结构比较简单的电路系统，对于结构复杂的、元器件较多的、规模庞大的电路系统，很难在一张图纸上将电路原理图完整地绘制出来；企业在研究和开发电子产品时，为了缩短周期，往往是一个团队同时在工作，这就需要把完整复杂的电路系统分割成不同的电路模块，分派给不同的设计组完成。因此，层次电路原理图的设计方式应运而生。

层次电路原理图是指，将完整复杂电路系统进行模块化分解，被分解的电路模块称为子原理图；模块与模块之间采用顶层原理图设计方式，通过简单的端口进行连接实现，称为母原理图或者父原理图。母图与子图的关系如图6-1所示。

在层次电路原理图中，主原理图，即母图与子图的关系，如图6-1所示，主电路图即母图由3个一级子电路图构成。在一些更大、更复杂的电路系统中，子电路图也可以通过图表符与更低级的子电路图连接而成，如图6-1所示，一级子图2由2个二级子图构成。

以 Altium Designer 16 自带示范电路"Connected_Cube"为例，使用了层次电路的设计方法，如图 6-2 所示。

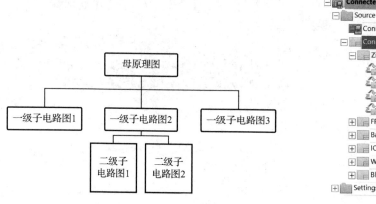

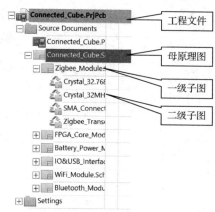

图 6-1　母图与子图的关系　　　　图 6-2　示范电路"Connected_Cube"的层次

母原理图由图表符连接而成，而一个图表符对应一个子电路图，如图 6-3 所示。

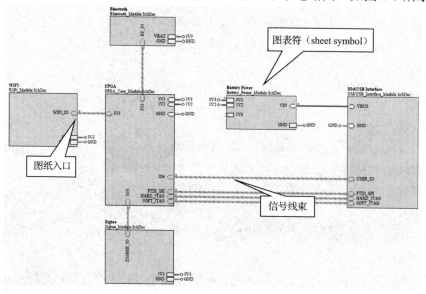

图 6-3　图表符连接组成母原理图

6.2　层次电路原理图的设计方法

根据电路原理图的层次结构，层次电路原理图的设计方法一般分为两种：一种是自上而下的设计方法，即先将电路分解为多个模块，每个模块对应一个图表符，绘制在主原理图中，在主原理图中通过图表符与图表符之间的连接完成模块与模块之间的连接，然后每个图表符产生与之对应的子原理图，并在子原理图上绘制具体的电路；另一种是自下而上的设计方法，即先绘制好子原理图，再新建主原理图，通过子原理图产生与之对应的主原理图中的图表符并连接起来。

6.2.1　自上而下的层次电路原理图设计方法

自上而下的层次电路原理图设计步骤如图6-4。

6.2.2　自下而上的层次电路原理图设计方法

自下而上的层次电路原理图设计步骤如图6-5。

图 6-4　自上而下的层次电路原理图绘制步骤　　图 6-5　自下而上的层次电路原理图绘制步骤

6.3　层次电路原理图的绘制方法

本节将先后介绍自上而下的层次电路图绘制方法及自下而上的层次电路图绘制方法。

6.3.1　自上而下的层次电路原理图绘制方法

自上而下的层次电路原理图绘制方法，要先将原理图分解成几个模块，模块与模块之间的连接用对应的图表符之间的连接表示，并绘制成顶层电路图，由图表符生成对应的子电路图，然后完成每一个子电路图的绘制，自上而下的层次电路完成。以绘制"层次电路原理图绘制范例"工程中的层次电路原理图为例，具体操作如下。

1.　建立工程文件

选择菜单栏中的【文件】→【New】→【Project...】命令，在弹出的对话框里命名工程文件为层次电路图绘制范例，修改工程文件保存的位置并保存，如图6-6所示。

图 6-6　建立工程文件

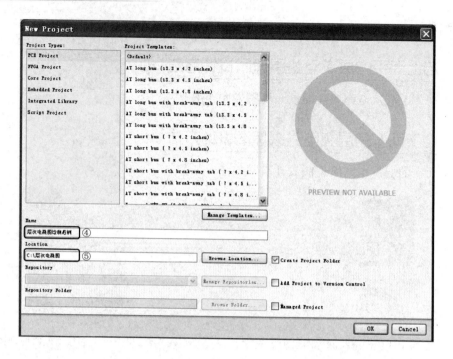

图 6-6　建立工程文件（续）

2. 建立顶层电路图

在左侧工作区面板的工程文件名上单击右键，在弹出的菜单中选择【给工程添加新的】→【Schematic】命令，选择添加原理图，保存原理图文件并命名为母图，如图 6-7 所示。

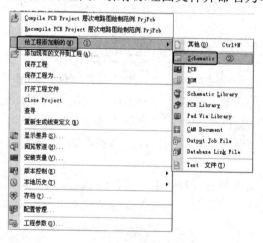

图 6-7　给工程添加新的原理图

3. 绘制图表符

新建母图后，就可以在母图上放置代表各子电路图模块的图表符，下面以绘制显示模块图表符为例，讲解具体绘制方法。

（1）放置图表符。

在母原理图工作界面，选择菜单栏中的【放置】→【图表符】命令，放置一个方块状的图表符，如图 6-8 所示；也可以单击配线工具中的放置图表符按钮 ，如图 6-9 所示。

图 6-8　放置图表符

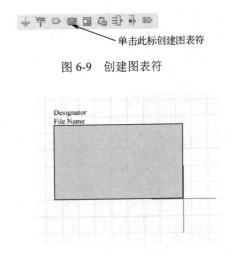

单击此标创建图表符

图 6-9　创建图表符

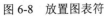

图 6-10　图表符

此时，光标变为十字形，在原路工作区合适的位置单击左键，确定图表符放置的位置，拖动鼠标带出一个图表符的轮廓，如图 6-10 所示。按下键盘上的【TAB】按键，弹出图表符属性对话框，如图 6-11 所示。

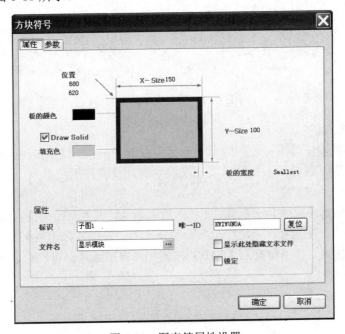

图 6-11　图表符属性设置

（2）设置图表符属性。

图表符属性对话框中主要属性的含义如下。

【板的颜色】　图表符边框的颜色。

【填充色】　图表符的颜色。

【标识】　图表符在母图中的序号，作用与元件在电路图中的序号相同。

【文件名】 图表符对应的子原理图文件名称。

【锁定】 固定图表符的位置。

在"属性"的【标识】栏中输入此图表符的标识"子图 1",在【文件名】栏中输入此图表符的文件名"显示模块",如图 6-11 所示。

（3）完成图表符绘制。

填写完图表符属性,单击【确认】按钮完成设置,拖动光标带出图表符轮廓,当图表符尺寸大小合适时,再次单击鼠标左键,完成图表符的绘制。

用同样的方法依次绘制出其他模块的图表符,绘制完的效果图如图 6-12 所示。

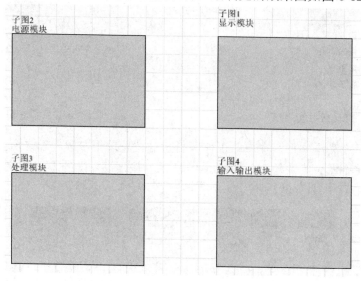

图 6-12　绘制完成的图表符

4. 放置图纸入口

图纸入口是把模块与模块之间的电气连接建立起来的端口,在图表符绘制完成后,需要在图表符上添加图纸入口。下面仍以显示模块为例,讲解添加图纸入口的方法。

（1）添加图纸入口。

选择菜单栏中的【放置】→【添加图纸入口】命令,或者单击配线工具中的放置图纸入口按钮，鼠标变成十字光标,带出一个虚影的图纸入口轮廓,如图 6-13 所示,将光标移到图表符内部的指定位置,按下键盘上【TAB】按键,弹出图纸入口属性对话框,如图 6-14 所示。

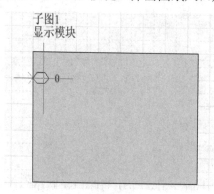

图 6-13　图纸入口轮廓

（2）设置图纸入口属性。

图纸入口属性对话框的主要属性如下。

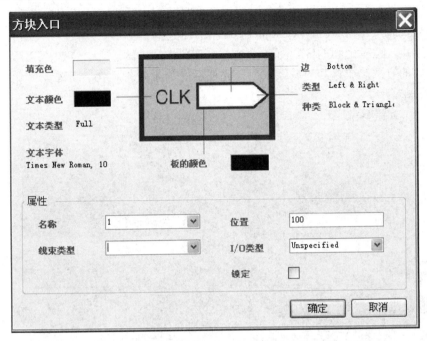

图 6-14　设置图纸入口属性

【名称】　图纸入口的名称，必须与子电路图中端口的名称一致，下拉列表中包含已自动识别出的名字；值得注意的是，图纸入口名称不能含有"."等非法符号，否则会出错，如要表示 P1.0 端口，命名为 P10 即可。

【线束类型】　如果应该的子图中有多个线束，则需要手工添加或选择线束类型，添加或选择线束类型后，后面的【I/O 类型】就不需要重新定义。

【I/O 类型】　端口信号输入/输出类型，即端口中信号的流向，共有四个选项，其含义如下：

【Unspecified】不确定；【Output】输出；【Input】输入；【Bidirectional】双向。

【锁定】固定图纸入口符号的位置。

（3）放置显示模块图纸入口，如图 6-15 所示。

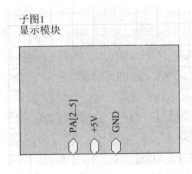

图 6-15　放置显示模块图纸入口

显示模块放置了 3 个图纸入口，说明有三个端口需要跟其他图表符连接，一个是+5V 电源端口，一个 GND 地线端口，PA[2..5]是代表 PA2、PA3、PA4、PA5 的总线端口。

放置图纸入口前，先规划好子电路图与子电路图之间电气连接的端口类型、名称、数量，采用何种方式连接，在 Altium Designer 16 中，连接方式可分为三种：导线连接、总线连接、信号线束连接，三者之间的区别将在绘制子原理图详细讲解。

用相同的方法，放置其他图纸入口，完成后的效果如图 6-16 所示。

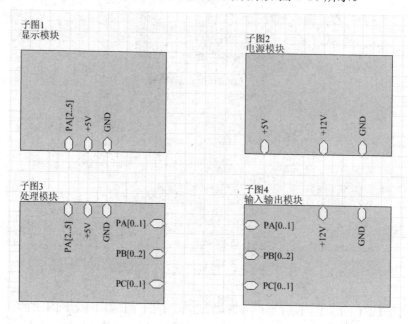

图 6-16　放置图纸入口完成后的效果图

5．连接图纸入口，添加网络标签

放置了图纸入口，图表符之间还不能实现电气连接，还需要添加图纸入口连接线，放置网络标签。

连接图纸入口时，必须根据图纸入口的类型，选择合适的连接方式。连接完成后添加网络标签，网络标签的名称必须跟图纸入口名称一致，如图 6-17 所示。

6．绘制子原理图

完成顶层原理图即母图的绘制后，由各图表符产生相对应的子原理图，具体操作步骤如下。

（1）产生子原理图文件。选择菜单栏中的【设计】→【产生图纸】命令，此时光标变成一个十字形，移动光标到图表符上，单击左键，自动生成一个与图表符名称一致的子原理图文件，里面有与图表符入口相对应的输入/输出端口。以产生显示模块子原理图文件为例，如图 6-18 所示。

（2）绘制子原理图。以绘制显示模块子原理图为例。PA[2..5]是总线端口，+5V 和 GND 是单导线端口，端口可根据画图方便自由移动。绘制原理图的方法前面已经讲解过，此处不再重复。绘制完的效果图如图 6-19 所示。

用同样的方法，产生并绘制其他子原理图。绘制好的层次电路原理图如图 6-19、图 6-20、图 6-21、图 6-22 所示。

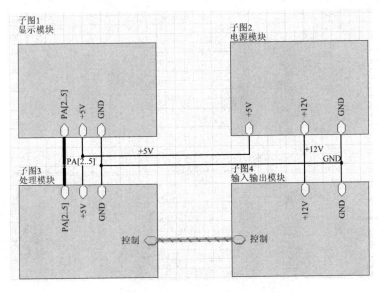

图 6-17　图纸入口连接后的效果图

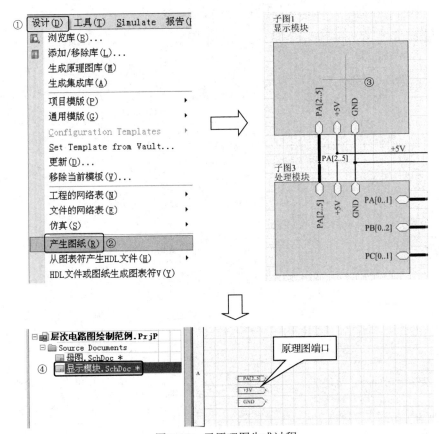

图 6-18　子原理图生成过程

补充说明：通过图表符产生相对应的子原理图时，由系统自动生成的原理图端口风格，与绘制完成的子原理图端口风格是不同的，其不同之处如图 6-23 所示，风格不同的主要原因是在设置图纸入口属性时，I/O 类型选择了【Unspecified】。

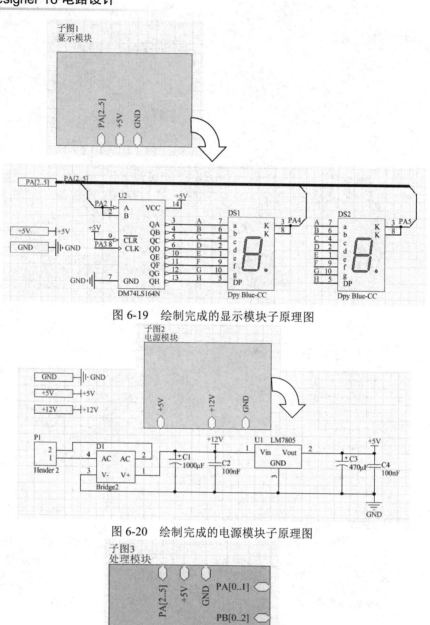

图 6-19　绘制完成的显示模块子原理图

图 6-20　绘制完成的电源模块子原理图

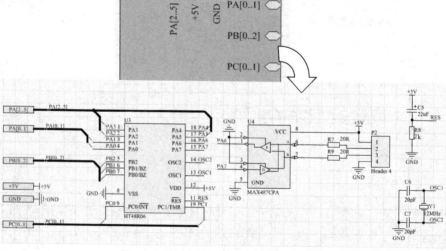

图 6-21　绘制完成的处理模块子原理图

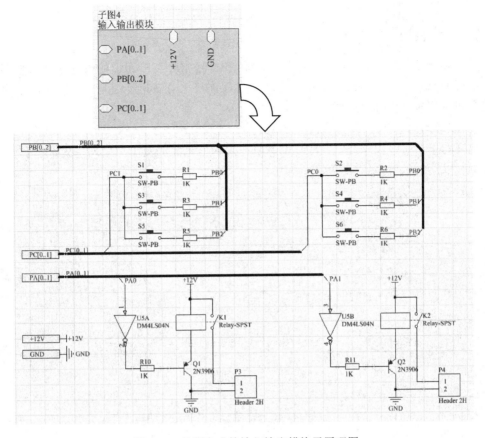

图 6-22 绘制完成的输入输出模块子原理图

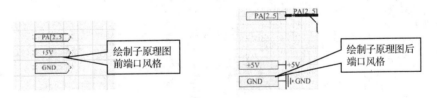

图 6-23 子原理图绘制前后端口风格的比较

6.3.2 层次电路原理图之间的切换

绘制完成的层次电路原理图一般包含了顶层原理图和多张子原理图，在编辑时，常常需要在这些原理图之间互相切换，实现层次原理图之间的切换，一般有两种方式。

（1）从母电路原理图切换到其他子原理图。选择菜单栏中的【工具】→【上/下层次】命令，或者单击 ⬆⬇ 按钮，光标变为十字形，在母图中子原理图相对应的图表符空白处单击左键，即可打开对应的子原理图，如图 6-24 所示。

（2）从子原理图切换到母电路原理图对应的图表符。选择菜单栏中的【工具】→【上/下层次】命令，或者单击 ⬆⬇ 按钮，光标变为十字形，在子原理图中的指定电路端口单击左键，系统自动切换到母电路原理图中相对应的图表符入口处，如图 6-25 所示。

6.3.3　配置线束

用 Altium Designer 16 绘制电路板的原理图时，经常使用多通道的设计方式将各图纸之间的关系组织起来。不同图纸间总是有多条信号线连接，看着很乱很复杂。不过我们可以使用线束的功能将多条信号线捆成一条线。

1．线束的概念

线束的概念有些像总线，但是线束可以包含的信号线的范围更广，并不局限于一条总线，线束中可以同时包含多条总线和信号线。

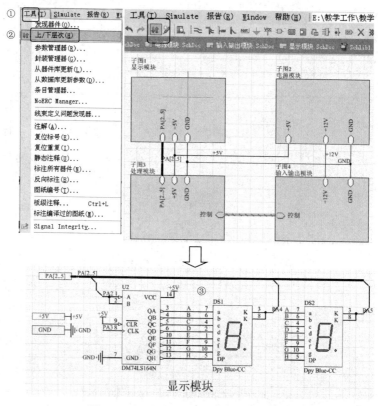

图 6-24　母电路原理图切换到子原理图

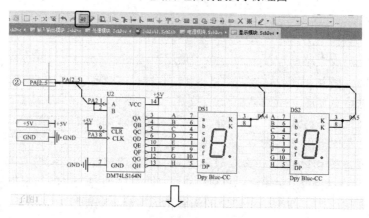

图 6-25　子原理图切换至母电路原理图

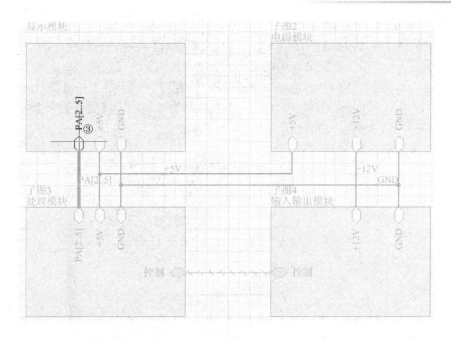

图 6-25 子原理图切换至母电路原理图（续）

在 Altium Designer 16 中，实现电气连接的方式有三种：导线、总线、线束。这三种线之间的区别与联系如下。

【导线】 用来实现两个端口之间的电气连接。

【总线】 将多条导线捆成一条总线，其本身没有实际的电气意义，必须由组成总线的各导线的网络名称来完成电气连接，它起到简化原理图的作用。

【线束】 将网络标号、总线、其他线束，捆在一起，用一条线束表示，能更简化原理图。

在原理图工作界面的菜单栏中，三者图标如图 6-26 所示。

图 6-26 导线、总线、线束的菜单栏图标

2. 线束的组成

线束由 4 部分组成：线束名称、信号线束、线束连接器及线束入口。如图 6-27 所示。

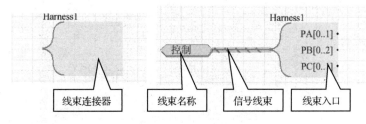

图 6-27 线束的组成

补充说明：此处设置的线束类型为系统默认的线束类型【Harness1】。

3. 线束的使用

选择菜单栏中的【放置】→【线束】→【线束连接器】命令，或者单击菜单栏中的 ∃ 按钮，放置线束连接器；然后选择菜单栏中的【放置】→【线束】→【线束入口】命令，或者单击菜单栏 ⊕ 按钮，放置连接端口；再选择菜单栏中的【放置】→【线束】→【信号线束】命令，或者单击菜单栏中的 ⊢╍ 按钮，放置信号线束；最后选择菜单栏中的【放置】→【端口】命令，或者单击菜单栏中的 ◨ 按钮，放置线束名称。

具体操作如图 6-28 所示。

图 6-28　线束的放置

以修改"层次电路图绘制范例.PrjPcb"工程为例，把子图 3 和子图 4 之间的连接端口 PA[0..1]、PB[0..2]、PC[0..1]，改成更简洁的线束连接，先删去原图纸入口，再重新放置图纸入口并设置入口参数，操作步骤如图 6-29 所示。

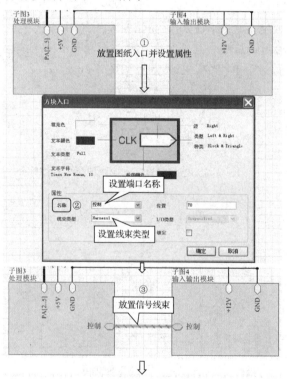

图 6-29　线束的使用实例

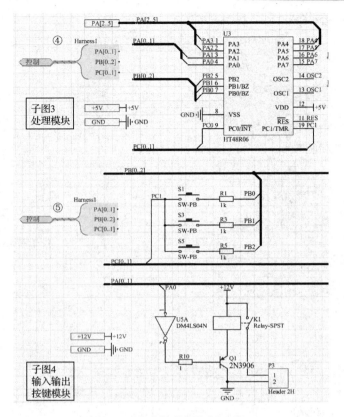

图 6-29 线束的使用实例（续）

6.3.4 自下而上的层次电路原理图绘制方法

自下而上的层次电路原理图绘制方法是根据功能先绘制子原理图，然后由 HDL 文件或图纸生成图表符，最后将生成的图表符组合连接起来形成顶层电路图，即母图，至此层次电路原理图绘制完成。仍以绘制"层次电路原理图绘制范例"工程中的顶层原理图为例，具体操作如下。

1. 建立工程文件

选择菜单栏中的【文件】→【New】→【Project...】命令，在弹出的对话框里命名工程文件为：层次电路图绘制范例，修改工程文件保存的位置并保存。

2. 建立顶层电路图

在左侧工作区面板的工程文件名上单击右键，在弹出的菜单中选择【给工程添加新的】→【Schematic】命令，选择添加原理图，保存原理图文件并命名为母图，如图 6-30 所示。

3. 绘制子原理图

在工程文件中添加子原理图文件，如图 6-31 所示。根据电路模块绘制子原理图，并放置相应的原理图端口及网络标号，绘制方法与前面绘制子原理图相同，此处不再重复。

本电路系统所包含的子原理图绘制完成后如图 6-32 所示。

4. 绘制顶层原理图

在母图工作界面，选择菜单栏中的【设计】→【HDL 文件或图纸生成图表符】命令，弹出文件选择对话框，如图 6-33 所示。

图 6-30　母图建立完成

图 6-31　子原理图添加完成

单击子原理图文件，生成对应的图表符，如图 6-34 所示。

图表符的名称与子原理图名称一致，图表符的标识由系统自动生成。按下键盘上的"TAB"键进入图表符属性对话框，根据需要修改图表符标识，如图 6-35 所示。

图 6-33　选择生成图表符命令

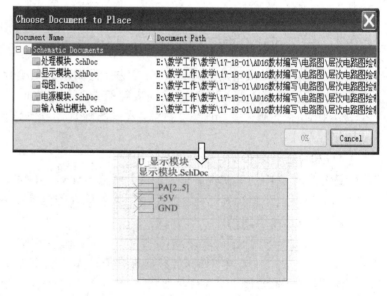

图 6-34　生成图表符

用同样的方法生成其他子原理图文件对应的图表符，并用电气连接线把图表符连接起来，顶层原理图绘制完成，如图 6-16 所示。

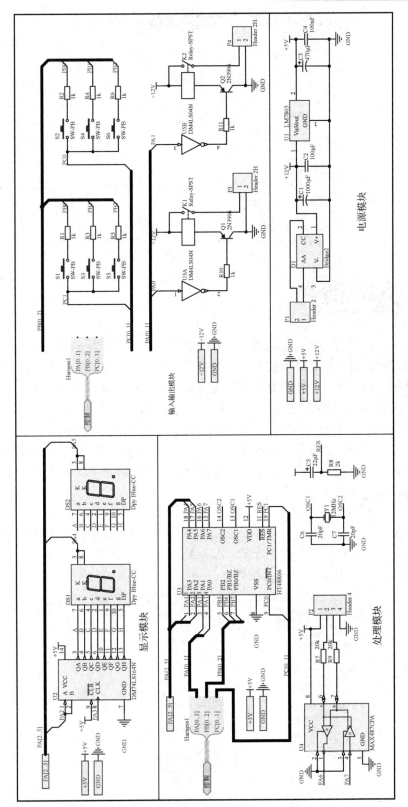

图 6-32 子原理图绘制完成效果图

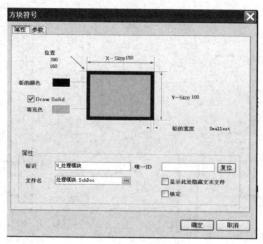

图 6-35　修改图表符属性

6.4　电气检查

层次原理图所在的工程文件，包含了多张原理图文件，Altium Desginer 16 内置的电气检查功能，可以对任意一张原理图的电气性能进行检查，如果被查原理图没电气连接错误，将不弹出对话框；如果被查原理图有电气连接错误，错误信息将在【Messages】工作面板中列出，双击错误信息，出错的对象会高显出来，其他电路处于蒙板状态，方便编辑者修改错误。值得指出的是，Altium Designer 16 只能检查出元器件之间的电气连接是否出错，对原理图的设计是否合理，能否正常使用，Altium Designer 16 内置的电气检查功能是不能够检查出来的，因此，在【Messages】工作面板上无显示错误信息，不代表该电路图设计是完全正确的，只能代表该电路图没有电气连接错误。

1. 原理图编译

选择菜单栏中的【工程】→【Compile...】命令可以对当前原理图文件或者对整个工程文件进行编译；也可以在左侧工程列表中，选择要编译的文件并单击右键，在弹出的菜单中选择【Compile...】命令编译该文件，如图 6-36 所示。

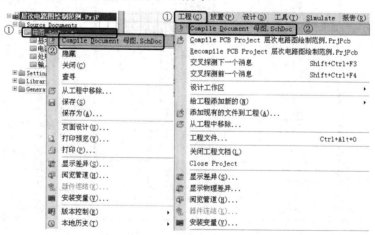

图 6-36　编译原理图

文件编译后，检查结果在【Messages】工作面板中列出。如果原理图中有电气连接错误，文件编译后会自动弹出【Messages】面板；如果原理图中没有电气连接错误，文件编译后不弹出【Messages】面板。

可以手动打开【Messages】面板。选择菜单栏中的【查看】→【Workspace Panels】→【System】→【Messages】命令；或者在工作窗口右下方标签栏，选择【System】→【Messages】命令，具体操作如图 6-37 所示。

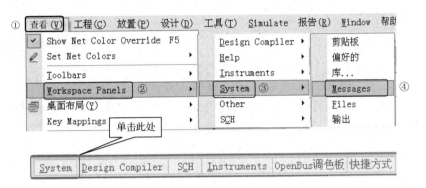

图 6-37　查看错误信息

2．修正原理图的错误

打开【Messages】工作面板，如果【Messages】面板中没有信息，说明该电路没有电气连接错误，如图 6-38 所示；如图面板中有信息，说明有电气连接错误，如图 6-39 所示，用户可以双击错误信息，找到错误对象进行修改，直到【Messages】面板中无错误信息为止。具体修正方法，在前面章节已讲解，此处不再重复。

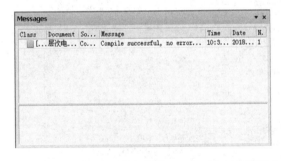

图 6-38　无错误信息的【Messages】工作面板

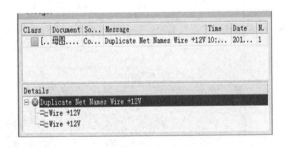

图 6-39　有错误信息的【Messages】工作面板

6.5　创建网络表文件、生成元件清单、报表输出

6.5.1　创建网络表文件

选择菜单栏中的【设计】→【工程的网络表】→【PCAD】命令，在【Project】面板上会自动添加一个与顶层原理图名称一致的网络表文件，其后缀为"*.NET"，如图 6-40 所示。

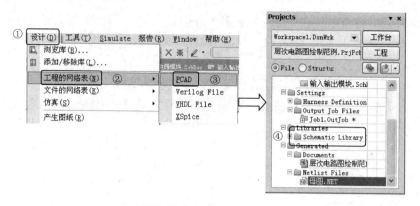

图 6-40　创建网络表文件

在 Altium Designer 16 中，不需要先创建网络表文件，再把元件的封装及其网络导入 PCB，可直接在 PCB 工作界面，选择【设计】菜单命令中的直接导入或者更新原理图文件即可绘制 PCB 图。

6.5.2　生成元件清单

选择菜单栏中的【报告】→【Bill of Materials】命令，进入元件清单属性对话框，在属性对话框里可以看到所有元器件，如图 6-41 所示。

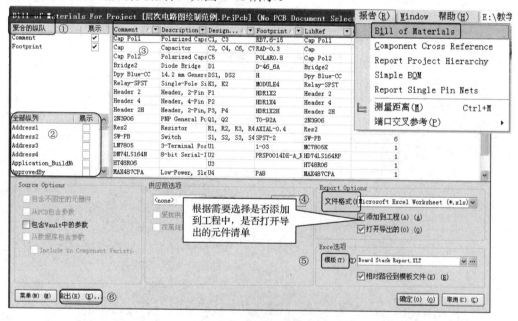

图 6-41　元件清单属性设置对话框

1. 设置元件清单列表属性

① 在【聚合的纵队】对元件进行分组，把属性相同的分在一起。

② 在【全部纵列】窗口任意一列后面的"展示"打"√"，元件清单列表将显示所有元件的该项目信息。

③ 单击清单列表表头任意对象，可对该对象进行排序。

④ 设置清单列表文件格式，常用的有*.pdf 和*.xls 两种格式。

⑤ 选择导出元件清单列表的模板。

2. 导出元件清单列表

根据实际需要，设置完元件清单列表属性后，单击【输出】，导出元件清单列表，如图 6-42 所示。

Report Generated From Altium Designer

#	Comment	Description	Designator	Footprint	LibRef	Quantity
1	Cap Pol1	Polarized Capacitor (Radial)	C1, C3	RB7.6-15	Cap Pol1	2
2	Cap	Capacitor	C2, C4, C6, C7	RAD-0.3	Cap	4
3	Cap Pol2	Polarized Capacitor (Axial)	C5	POLAR0.8	Cap Pol2	1
4	Bridge2	Diode Bridge	D1	D-46_6A	Bridge2	1
5	Dpy Blue-CC	14.2mm General Purpose Blue 7-Segment Display: CC, RH DP, Gray Surface	DS1, DS2	H	Dpy Blue-CC	2
6	Relay-SPST	Single-Pole Single-Throw Relay	K1, K2	MODULE4	Relay-SPST	2
7	Header 2	Header, 2-Pin	P1	HDR1X2	Header 2	1
8	Header 4	Header, 4-Pin	P2	HDR1X4	Header 4	1
9	Header 2H	Header, 2-Pin, Right Angle	P3, P4	HDR1X2H	Header 2H	2
10	2N3906	PNP General Purpose Amplifier	Q1, Q2	TO-92A	2N3906	2
11	Res2	Resistor	R1, R2, R3, R4, R5, R6, R7, R8, R9, R10, R11	AXIAL-0.4	Res2	11
12	SW-PB	Switch	S1, S2, S3, S4, S5, S6	SPST-2	SW-PB	6
13	LM7805	3-Terminal Positive Fixed Voltage Regulator	U1	1-03	MC7805K	1
14	DM74LS164N	8-bit Serial-In, Parallel-Out Shift Register	U2	PRSP0014DE-A_N	HD74LS164RP	1
15	HT48R06		U3		HT48R06	1
16	MAX487CPA	Low-Power, Slew-Rate-Limited RS-485/RS-422 Transceiver	U4	PA8	MAX487CPA	1
17	DM4LS04N	Hex Inverter	U5	751A-03_N	SN74LS04D	1
18	XTAL	Crystal Oscillator	Y1	R38	XTAL	1

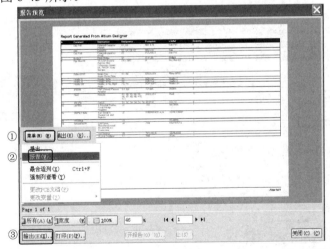

图 6-42　导出的元件清单列表

提示：在 Altium Designer 16 中，设置完元件清单列表属性后直接单击左下角【输出】，清单列表可能出现空表，可以尝试选择左下角的【菜单】→【报告】→【输出】命令，导出元件清单列表，如图 6-43 所示。

图 6-43　输出元件清单列表

6.5.3　报表输出

报表输出有以下两种方式。

（1）在原理图工作界面上，选择菜单栏中的【报告】→【Simple BOM】命令，系统自动添加该原理图的 BOM 表，如图 6-44 所示。

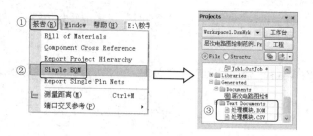

图 6-44　系统自动添加原理图的 BOM 表

（2）选择菜单栏中的【文件】→【新建】→【输出工作文件】命令，创建一个*.OUTJob 文件，在工作文件的工作界面，选择【Report Outputs】→【Add New Report】→【Simple BOM】命令，在下拉的列表中有本工程所有原理图文件名称，选择需要输出 BOM 表的原理图文件或工程文件，最后选择对应的输出容器，单击【生成内容】按钮，对应原理图文件的 BOM 表输出完毕，具体操作如图 6-45 所示。

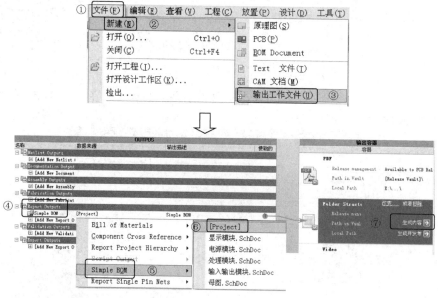

图 6-45　输出 BOM 表操作步骤

6.6　原理图纸输出

选择菜单栏中的【文件】→【新建】→【输出工作文件】命令，创建一个*.OUTJob 文件，在工作文件的工作界面，选择【Documentation Outputs】→【Add New Documentation Outputs】→【Schematic Prints】命令，选择需要输出的原理图，选择 PDF 输出容器，原理图以 PDF 格式输出。具体操作如图 6-46 所示。

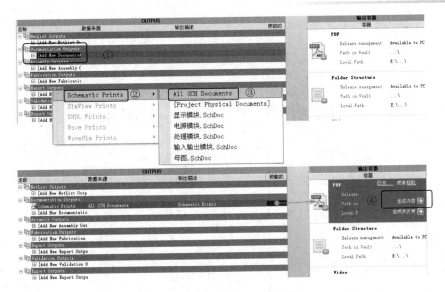

图 6-46　输出原理图纸步骤

输出的 PDF 格式的原理图，如图 6-47 所示。

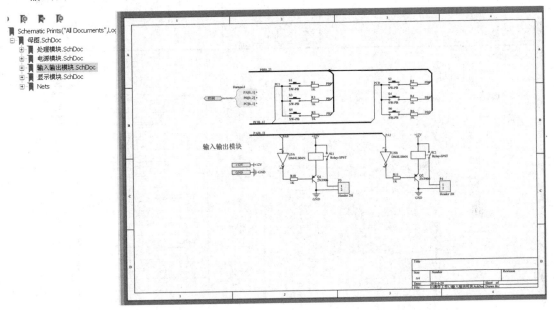

图 6-47　输出的 PDF 格式原理图

思考与练习

【任务一】

1. 实训内容

采用自上而下的层次电路图绘制方法，绘制"电子语音播报万年历电路图"，如图 6-48 所示为电子语音播报万年历电路图。

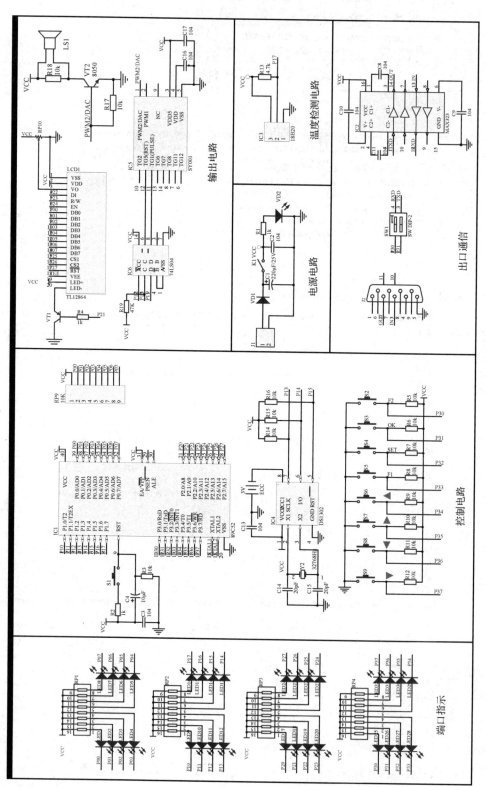

图 6-48　电子语音播报万年历电路图

2．电路分析

本电路由端口指示电路、控制电路、输出电路、电源电路、温度检测电路、串口通信六大模块组成，电路较复杂。在设计顶层原理图时，先确定模块与模块之间的电气连接采用何种方式连接，在本章中介绍了导线、总线、线束三种连接方式，采用最简洁的连接方式。

3．操作步骤

（1）新建工程文件，命名为"语音播报万年历电路图.PrjPcb"，并保存。

（2）新建原理图文件，命名为"母图.Schdoc"，并保存。

（3）在母图工作区放置代表子原理图的图表符，在每一个图表符上放置图纸入口并设置其属性，用合适的电气连接线连接各端口。

（4）产生对应的子原理图文件，并绘制子原理图。

（5）在子原理图上放置跟图纸入口属性——对应的电路端口。

【任务二】

1．实训内容

采用自下而上的层次电路图绘制方法，绘制"电子语音播报万年历电路图"。

2．电路分析

同【任务一】

3．操作步骤

前两项步骤同【任务一】。

新建原理图文件，依次绘制模块电路，并以子电路图文件保存，保存名称与模块名称相同。

由子原理图产生对应的图表符，用合适的电气连接线连接起来，组合成完整的顶层原理图。

教学微视频

扫一扫

第七章

PCB设计入门

 本章要点

（1）电路板种类。
（2）封装的种类。
（3）元件封装尺寸。
（4）电路板常用名词。
（5）电路板层概念和功能。

 教学目标

（1）了解电路板种类。
（2）熟悉封装的种类。
（3）理解元件封装尺寸的含义。
（4）熟悉电路板常用名词。
（5）理解电路板层概念和功能。

7.1 印制电路板简介

PCB（Printed Circuit Board），中文名称为印制电路板。几乎每个电子产品都有PCB，它为电子元器件的放置和电气连接提供了一个平台。

PCB的基板是绝缘隔热材质，如玻璃纤维环氧树脂板，在PCB的表面均匀地覆盖红褐色的铜箔，通过有选择地去除不需要的铜箔来获得所需要的导电图形，留下来的部分变成网状的细小线路，这些线路被称为导线或布线，可以为PCB上各元器件之间提供电气连接。

印制电路板的基板上有元件的封装、导线、过孔、焊盘元件标注等信息，通常PCB上还有助焊膜和阻焊膜（涂层），如图7-1所示。

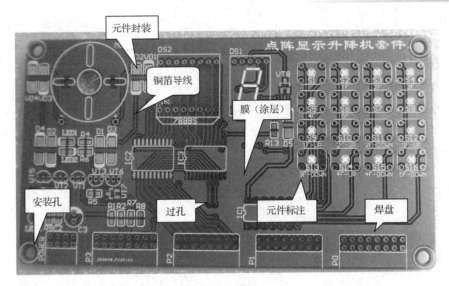

图 7-1　PCB

7.2　印制电路板的种类

按照印制电路板层数可分为单层板、双层板、多层电路板和软性印制电路板。

单层板（Single-sided Boards）：单层板是最基本的 PCB，零件集中在电路板的一面，导线则集中在另一面上。因为导线只出现在其中一面，所以这种 PCB 又称为单面板，因为单面板在设计线路上有许多严格的限制（因为只有一面，布线间不能交叉而必须绕独自的路径），所以只有早期的电路和初级电路才使用这类板子，如图 7-2 所示。

图 7-2　单层板（电子幸运转盘）

双层板（Double-Sided Boards）：这种电路板的两面都有布线，所以又称为双面板，双层板两面间的导线通过孔（Via，金属导孔）相连，因为双面板的面积比单面板大了一倍，双面板解决了单面板中因为布线交错的难点（可以通过孔导通到另一面），它更适合用在比单面板更复杂的电路上。

多层板（Multi-Layer Boards）：多层板是在双层板的基础上发展而来的，它除了包含顶层、底层两个信号层外，还增加了内部电源层、接地层，以及中间信号层，现在的个人计算机板卡通常是 4 至 8 层结构。

软性电路板又称柔性线路板、挠性线路板，简称软板或 FPC。软性电路板是相对于普通硬树脂线路板而言，软性电路板具有配线密度高、重量轻、厚度薄、配线空间限制较少、灵活度高等优点，如图 7-3 所示。

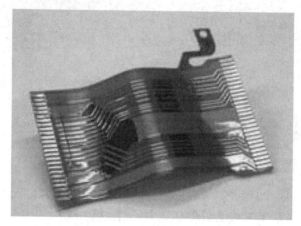

图 7-3　软性电路板

7.3　元件封装

元件封装是指元件的外形和引脚分布。在 PCB 中进行元件封装时要充分考虑实际元件的尺寸大小。PCB 上的封装和元件如图 7-4 所示。

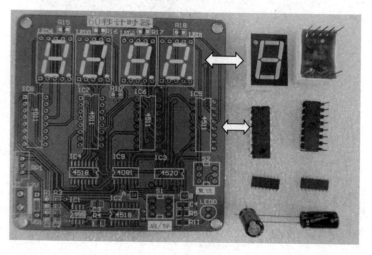

图 7-4　PCB 上的封装和元件

　　电子技术飞速发展，电子元件日新月异，电子元件品牌和生产厂家众多，同一功能的元件也有不同品牌不同厂家生产的系列产品，每个系列的元件尺寸不尽相同，对应的元件封装也不尽相同。因此，PCB 设计时要充分考虑元件的不同，合理选用元件封装，才能保障元件装配合格和产品的最终质量。

7.3.1　封装类型

　　电子元件的装配技术主要有通孔插装技术（THT）和表面贴装技术（SMT）两大类，对应的封装也有通孔插装技术元件封装和表面贴装技术元件封装两大类，采用两类封装技术的元件实物图如图 7-5、图 7-6 所示。

图 7-5　采用通孔插装技术封装的元件

图 7-6　采用表面贴装技术封装的元件

7.3.2 通孔插装技术元件封装

电子技术发展初期，常用的二极管、三极管、电阻、电容和集成电路（IC）等都是需要采用插装技术封装的元件。在此期间 PCB 上电子元件多，封装也多。例如，通孔插装的集成电路（IC）就有单列直插式、双列直插式（DIP，DualIn-Line Package）、球栅阵列封装（BGA）等。随着电子技术不断朝集成化发展，出现了集成元件和贴片元件，如今，在一块 PCB 上插装元件和贴片元件会同时存在，因此在 PCB 设计过程中也应根据需求选择合适的元件，以及根据元件的类型，对其进行适当的封装。

通过电阻、电容的封装简要介绍通孔插装技术元件封装。

1. 电阻的封装

电阻是最基本的元件，电阻按额定功率有 1/16W 、 1/8W 、 1/4W 、 1/2W 、 1W 、2W 、 5W 、10W 等多种系列，因此元件的大小也不一样。电阻常用的封装有 AXIAL-0.3 至 AXIAL-1.0 等。电阻元件封装命名一般由两部分构成，前面字母为封装类别，如电阻为AXIAL，后一部分代表焊盘间距，单位为英寸，0.3 表示焊盘间距为 0.3 英寸。电阻和电阻封装如图 7-7 所示。

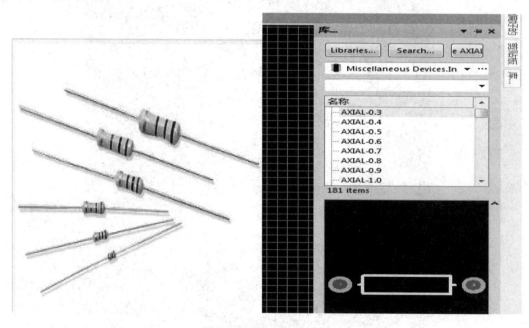

图 7-7　电阻和电阻封装

2. 电容的封装

电容的种类主要可以分为无极性电容（如陶瓷电容）和有极性电容（电解电容）。电容的封装主要有 RAD 系列、CAPR 系列和 RB 系列。RAD 系列对应封装 RAD-0.1 至RAD-0.4；RAD 表示电容，0.1 表示焊盘间距为 0.1 英寸；电容的封装 CAPR 系列和 RB系列。

对于 CAPR 系列，第一个数字也代表焊盘间距，但单位为毫米（mm），第二和第三个数字表示元件外形轮廓尺寸(长 X 宽，单位为 mm)。如对于 RB 系列，第一数字表示焊盘间距（单位为 mm），第二个数字表示电解电容圆筒外径，如 RB5-10.5.。

7.3.3　表面贴装技术元件封装

随着表面贴片元件的广泛应用，PCB 的集成化程度越来越高，电子产品的功能也越来越强大。如图 7-8 所示为表面贴片元件实物图。

图 7-8　表面贴片元件

表面贴装技术元件封装与插装技术元件封装有较大的区别。通过贴片电阻和贴片电容的封装简要介绍表面贴装技术元件封装。贴片电阻和贴片电容在外形上非常相似，所以它们可以采用相同的引脚封装，常用贴片电阻、电容的封装如图 7-9 所示。

图 7-9　贴片电阻、贴片电容的封装

2012-0805 表示封装的尺寸，2012 是公制单位，0805 是英制单位，一般数字前两位表示焊盘间距，后面两位表示焊盘大小 2012-0805 表示焊盘间距为 2.0mm（80mil），焊盘大小大约是 1.2mm（50mil），如图 7-10 所示为贴片电阻、贴片电容的封装尺寸示意图。

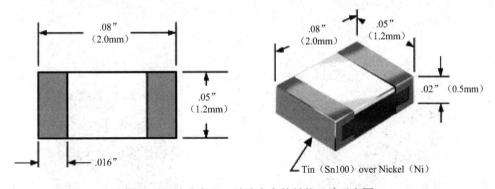

图 7-10　贴片电阻、贴片电容的封装尺寸示意图

7.3.4　通过元件库标签浏览元件封装

元件种类和规格较多，因此对应的封装也比较多，而且同一种元件也可以选用不同的封装。在 PCB 的设计过程中可以通过元件库标签来浏览和选择元件封装。

图 7-11 所示为通过元件库标签浏览元件封装的界面。图 7-12～图 7-15 所示是 4 种电容的封装。

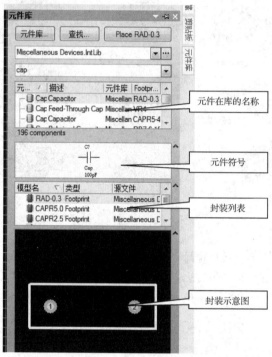

图 7-11　元件库元件封装界面

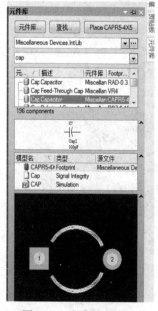

图 7-12　电容 1 封装

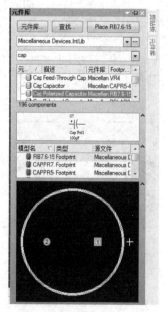

图 7-13　电容 2 封装

图 7-14　电容 3 封装

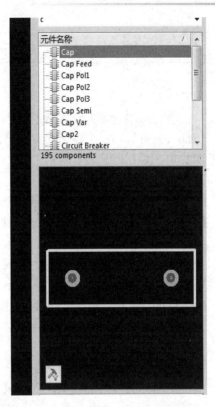

图 7-15　电容 4 封装

7.4　电路板常用名词

（1）铜膜导线也称为铜膜走线，简称导线，用于连接各个焊盘和过孔。

导线的质量体现在其宽度（Width）和导线之间的间距（Clearance）两个方面。导线宽度参数有导线设计宽度及其允许偏差、最小线宽等；导线间距主要由电气安全要求、生产工艺的精度和导线间所承受的电荷的大小所决定。

（2）焊盘是用于放置焊锡，以便焊接元件引脚和导线。

印制电路板上所有元器件的电气连接都是通过焊盘来实现的，由于焊盘工艺不同，焊盘一般可以分为两种类型，一种是非过孔焊盘（单面板、SMT 工艺）；另外一种是过孔焊盘（双层板、多层板）。

（3）过孔是用来实现双层板或多层板相邻层之间的电气连接，是多层 PCB 板的重要组成部分之一，从工艺制作流程来分，过孔一般分三类：通孔（Through via）从顶层贯通到底层为通孔；盲孔（Blind via）从顶层通到内层或从内层到底层为盲孔；内层间的埋孔（Buried via）。

（4）飞线是在 PCB 的自动布线时，主要用于观察的网络连线，它在形式上表明了各个焊盘间的连接关系，并没有实际的电气连接关系。

7.5 电路板工作层面的类型

PCB 一般包括很多层，不同的层包含不同的设计信息。理解各层作用对电路板设计至关重要，读者可以结合实际电路板和后面章节的学习逐步理解各层的作用。

【Top Layer】顶层，信号层，铜箔默认为红色。通常在顶层制作铜箔导线，元件安插在本层面的焊孔中，焊接在底层焊接面上，所以本层又称为元件面，表面贴片元件也尽可能安装在顶层。

【Bottom Layer】底层，信号层，铜箔导线默认为蓝色，底层又称为焊接层。

【Top Overlay】和【Bottom Overlay】顶层丝印层和底层丝印层，显示元件外形、编号以及元件在电路板中的布局情况。丝印层是为了方便电路的安装和维修，在电路板的表面印上所需要的标志图案和文字代号等，如元件编号、元件外形、厂家标志、生产日期等。主要通过丝印的方式印制上去。

【Mechanical4】机械层，主要为电路板厂制作电路板时提供所需要的加工尺寸信息，如电路板边框尺寸、固定孔、对准孔，以及大型元件或散热片的安装孔等尺寸标注信息，机械层没有电气特性。

【Keep Out Layer】禁止布线层，一般位于电路板的边框，用于限制铜箔导线的范围，自动布线时铜箔导线被限制在该层导线限制的区域范围内。

【Multi ayer】复合层，用于提供焊盘和过孔等信息。

思考与练习

7.1　浏览 Miscellaneous Devices.IntLib 库封装，在 PCB 文档里放置十种元件封装。

7.2　简述顶层、底层、丝印层、禁止布线层的作用。

7.3　认真观察一块真实电路板，理解导线、焊盘、过孔、覆膜的意思。

教学微视频

扫一扫

第八章

PCB布局与布线

 本章要点

（1）PCB布局、布线基本原则。
（2）PCB自动布局、手工布局及调整。
（3）PCB自动布线、手工布线及调整。
（4）覆铜设计。

 教学目标

（1）了解PCB布局、布线的基本规则。
（2）初步掌握PCB元件引脚封装的更改方法。
（3）初步掌握低频板的布局与布线规则。
（4）掌握主要布线规则的设置方法以及自动布线的操作方法。

8.1　PCB布局、布线基本原则

　　元件放置完毕，应当从机械结构、散热、电磁干扰及布线的方便性等方面综合考虑元件布局，可以通过移动、旋转和翻转等方式调整元件的位置，使之满足要求。在布局时，除要考虑元件的位置外，还必须调整好丝印层上文字符号的位置。

　　元件布局就是将元件在一定面积的印制电路板上进行合理地排放，它是设计PCB的第一步。布局是印制电路板设计中最耗费精力的工作，往往要经过若干次布局比较，才能得到一个比较满意的布局结果。印制电路板的布局是决定PCB设计是否成功，以及是否满足使用要求的最重要环节之一。

　　一个好的布局，首先要满足电路的设计性能，其次要满足安装空间的限制。在没有尺寸限制时，要使印制电路板布局尽量紧凑，这样可减小PCB的尺寸，降低生产成本。

　　为了设计出质量好、造价低、加工周期短的印制电路板，印制电路板布局应遵循下列的基本原则。

8.1.1 布局规则

1. 元件排列原则

（1）遵循先难后易，先大后小的原则，首先布置电路的主要集成块和晶体管的位置。

（2）在通常条件下所有元件均应布置在印制电路板的同一面上，只有在顶层元件过密时，才将一些高度有限并且发热量小的器件，如贴片电阻、贴片电容、贴片 IC 等放在底层，如图 8-1 所示为印制电路板双面布局示例。

（3）在保证电气性能的前提下，元件应放置在栅格上且相互平行或垂直排列，以求其整齐、美观，一般情况下不允许元件重叠，元件排列要紧凑，输入和输出元件尽量远离。

（4）同类型的元件应该在 X 或 Y 方向上一致，以便于生产和调试，具有相同结构的电路应尽可能采取对称布局。

图 8-1　印制电路板双面布局示例

（5）集成电路的去耦电容应尽量靠近芯片的电源脚，以高频最靠近为原则，使之与电源和地之间形成的回路最短。旁路电容应均匀分布在集成电路周围。

（6）元件布局时，使用同一种电源的元件应考虑尽量放在一起，以便于将来的电源分割。

（7）某些元件或导线之间可能存在较高的电位差，应加大它们之间的距离，以免因放电、击穿引起意外短路。带高压的元器件应尽量布置在调试时手不易触及的地方。

（8）位于板边缘的元件，一般距板边缘至少 2 个板厚的距离。

（9）对于四个引脚以上的元件，可以进行翻转操作，否则将导致该元件在安装时引脚号不能一一对应。

（10）双列直插式元件相互之间的距离要大于 2 毫米，BGA 与相邻元件距离大于 5 毫米，电阻、电容等贴片小元件相互之间的距离大于 0.7 毫米，贴片元件焊盘外侧与相邻铜孔式元件焊盘外侧之间的距离要大于 2 毫米，压接元件周围 5 毫米不可以放置插装元器件，焊接面周围 5 毫米内不可以放置贴片元件。

（11）元器件在整个板面上分布均匀、疏密一致、重心平衡。

2. 按照信号走向布局原则

（1）通常按照信号的流程逐个安排各个功能电路单元的位置，以每个功能电路的核心元件为中心，围绕它进行布局，尽量减小和缩短器件之间的引线和连接。

（2）元件的布局应便于信号流通，使信号尽可能保持一致的方向。多数情况下，信号的流向安排为从左到右或从上到下，与输入输出端之间相连的元件应当放在靠近输入输出接插件或连接器的附近。

3. 可调节元件、接口电路的布局

对于电位器、可变电容器、可调电感线圈或微动开关等可调元件的布局应考虑整机的结构要求，若是机外调节，其位置要与调节旋钮在外壳面板上的位置相适应；若是机内调节，

则应放置在印制电路板上能够方便调节的地方。接口电路应置于板的边缘并与外壳面板上的位置对应，如图 8-2 所示为接口电路布局实物图。

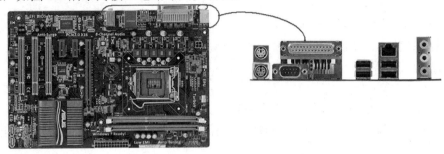

图 8-2　接口电路布局实物图

4. 防止电磁干扰

（1）对辐射电磁场较强的元件，以及对电磁感应较灵敏的元件，应加大它们相互之间的距离或加以屏蔽，元器件放置的方向应与相邻的印制导线交叉。

（2）尽量避免高低电压器的相互混杂、强弱信号的器件交错布局。

（3）对于会产生磁场的元器件，如变压器、扬声器、电感等，布局时应注意减少磁力线对印制导线的切割，相邻元件的磁场方向应相互垂直，减少彼此耦合。

（4）对干扰源进行屏蔽，屏蔽罩应良好接地。

（5）在高频下工作的电路，要考虑元器件之间分布参数的影响。

（6）对于存在大电流的器件，一般在布局时应靠近电源的输入端，要与小电流电路分开，并加上去耦电路。

5. 抑制热干扰

（1）对于发热的元件，应优先安排在利于散热的位置，一般布置在 PCB 的边缘，必要时可单独设置散热器或小风扇，以降低温度，减少对邻近元器件的影响。

（2）一些功耗大的集成块、大或中功率管、电阻等元件，要布置在容易散热的地方，并与其他元件隔开一定距离。

（3）热敏元件应紧贴被测元件并远离高温区域，以免受到其他发热元件影响，引起误动作。

（4）双面放置元件时，底层一般不放置发热元件。

6. 提高机械强度

（1）要注意整个 PCB 的重心平衡与稳定，重而大的元件尽量安置在印制电路板上靠近固定端的位置，并降低重心，以提高机械强度和耐振、耐冲击能力，以减少印制电路板的负荷和变形。

（2）重 15 克以上的元件，不能只用焊盘来固定，应当同时使用支架或卡子加以固定。

（3）为了便于缩小体积或提高机械强度，可设置"辅助底板"，将一些笨重的元件，如变压器、继电器等安装在辅助底板上，并利用附件将其固定。

（4）板的最佳形状是矩形，板面尺寸大于 200mm×150mm 时，要考虑板所受的机械强度，可以使用机械边框加固。

（5）要在印制电路板上留出固定支架、定位螺孔和连接插座所用的位置，在布置接插件时，应留有一定的空间使得安装后的插座能方便的与插头连接而不至于影响其他部分。

8.1.2 布线规则

布线和布局是密切相关的两项工作，布局的好坏直接影响着布线的布通率。布线受布局、板层、电路结构、电性能要求等多种因素影响，布线结果又直接影响电路板性能。进行布线时要综合考虑各种因素，才能设计出高质量的 PCB，目前常用的基本布线方法如下。

（1）直接布线。传统的印制电路板布线方法起源于最早的单面印制线路板。其过程为：先把最关键的一根或几根导线从起点到终点直接布设好，然后把其他次要的导线绕过这些导线布下，通用的技巧是利用元件跨越导线来提高布线率，布不通的线可以通过顶层短路线解决，如图 8-3 所示。

（2）X-Y 坐标布线。X-Y 坐标布线指布设在印制电路板一面的所有导线都与印制电路板水平沿平行，而布设在另一面的所有导线都与前一面的导线正交，两面导线的连接通过过孔实现，如图 8-4 所示。

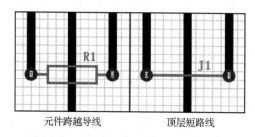

图 8-3　直接布线

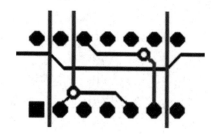

图 8-4　X-Y 坐标布线

为了获得符合设计要求的 PCB，在进行 PCB 布线时要遵循以下基本原则。

1. 布线板层选用原则

印制电路板布线可以采用单面、双面或多层板，首先选用单面，其次是双面，如果仍不能满足设计要求时才考虑选用多层板。

2. 印制导线宽度原则

（1）印制导线的最小宽度主要由导线与绝缘基板间的黏附强度和流过它们的电流值决定。当铜箔厚度为 0.05mm、宽度为 1～1.5mm 时，通过 2A 电流，温升将不高于 3℃，此时可选用宽度在 1.5mm 左右的导线就可以满足要求，对于集成电路，尤其是数字电路通常选宽度为 0.2～0.3mm 的导线就能满足要求。当然只要密度允许，还是尽可能用宽线，尤其是电源线和地线。

（2）印制导线的电感量与其长度成正比，与其宽度成反比，因此短而宽的导线对于抑制干扰是有利的。

（3）印制导线的线宽一般要小于与之相连焊盘的直径。

3. 印制导线的间距原则

导线的最小间距主要由最坏情况下线间绝缘电阻和击穿电压决定。导线越短，间距越大，绝缘电阻就越大。当导线间距为 1.5mm 时，其绝缘电阻超过 2M，允许电压为 300V；间距为 1mm 时，允许电压为 200V，因此导线间距为 1～1.5mm 时就能完全满足要求。对于集成电路，尤其是数字电路，只要工艺允许可使导线间距尽量小。

4．布线优先次序原则

（1）密度疏松原则：从印制电路板上连接关系简单的器件着手布线，从连续最疏松的区域开始布线。

（2）核心优先原则：如 DDR、RAM 等核心部分应优先布线，信号传输线应提供专层、电源、地回路，其他次要信号要顾全整体。

（3）关键信号优先：电源、模拟小信号、高速信号、时钟信号和同步信号等关键信号优先布线。

5．信号线走线一般原则

（1）输入、输出端的导线应尽量避免相邻平行，平行信号线之间要尽量留有较大的间隔，最好加线间地线，起到屏蔽的作用。

（2）印制电路板两面的导线应相互垂直、斜交或弯曲走线；在布线密度较低时，可以加粗导线，信号线间距也可以适当加大。

（3）尽量为时钟信号、高频信号、敏感信号等关键信号提供专门布线层，并保证其最小的回路面积。

6．地线布设原则

（1）一般将公共地线布置在印制电路板的边缘，方便其与机架相连接。

（2）在印制电路板上应尽可能多地保留铜箔做地线，这样传输特性和屏蔽作用将得到改善，并且起到减少分布电容的作用。地线不能设计成闭合回路，低频电路中一般采用单点接地，高频电路中应就近接地，而且采用大面积接地方式。

（3）印制电路板上若有大电流器件，它们的地线最好要分开独立布设。

（4）模拟电路与数字电路的电源、地线应分开布线，这样可以减小模拟电路与数字电路之间的相互干扰。如图 8-5 所示。

（5）环路最小原则，即信号线与地线回路构成的环面积要尽可能小，环面积越小，对外的辐射越少，接收外界的干扰也越小。如图 8-6 所示。

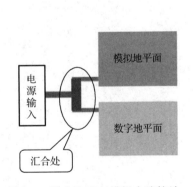

图 8-5　数字电路与模拟电路接地

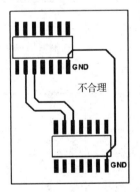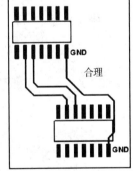

图 8-6　环路最小原则

8.2　PCB 手工布局、布线及调整

为了更好地了解布局、布线规则，学习 PCB 布局、布线，本章将以"电子镇流器 PCB 设计"为例，讲解布局、布线的方法与规则。如图 8-7 所示为"电子镇流器"电路原理图。

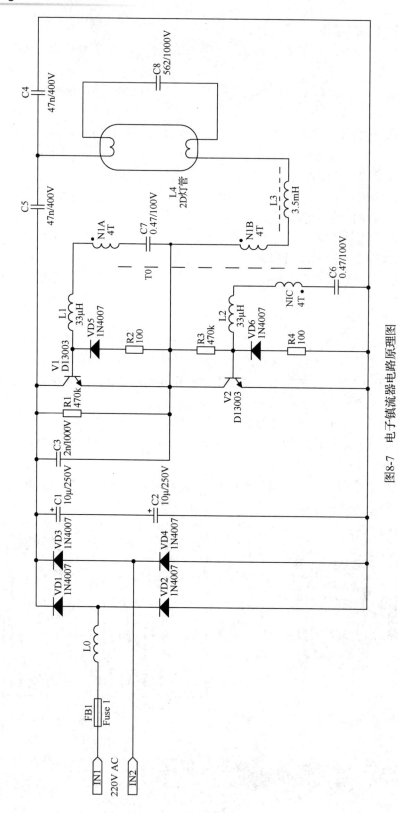

图8-7　电子镇流器电路原理图

第一步，设计准备。首先要根据上一章内容绘制原理图元器件，图 8-7 中的扼流圈 L3、高频振荡线圈 N1 和 2D 灯管 L4 在原理图元件库中找不到，需要自行设计元器件图形，如图 8-8 和 8-9 所示。

 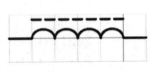 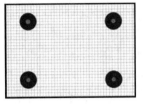 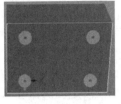

（a）元器件实物　　（b）元器件的符号图形　　　　　（c）封装图形　　　　　　（d）封装 3D 图形

图 8-8　扼流圈相关图形

 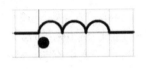 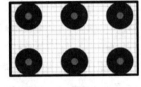 

（a）元器件实物　　（b）元器件的符号图形　　　　　（c）封装图形　　　　　　（d）封装 3D 图形

图 8-9　高频振荡线圈相关图形

2D 灯管的元器件符号图形如图 8-10 所示，2D 灯管需要与四个焊盘进行连接，但无需封装。

第二步，通过网络表装载元件和网络。

1. 规划 PCB

（1）新建并保存 PCB 文件"电子镇流器.PCBDOC"。

（2）设置单位制为 Metric（公制）；设置可视化网络

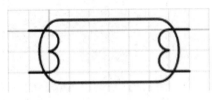

图 8-10　2D 灯管符号图形

1、2 为 1mm 和 5mm；捕获网格 X、Y，器件网格 X、Y 均为 0.5mm。

（3）执行菜单命令【设计】→【板层颜色】，设置显示可视网格 1（Visible Grid1）。

（4）执行菜单命令【编辑】→【原点】→【设定】，定义相对坐标原点。

（5）用鼠标单击工作区下方的标签，将当前工作层设置为 Keep-out Layer，执行菜单命令【放置】→【走线】进行边框绘制，从坐标原点开始绘制一个 83mm×40mm 的闭合边框，以此边框作为印制电路板的尺寸，如图 8-11 所示，此后元器件布局和布线都要在此框内进行。

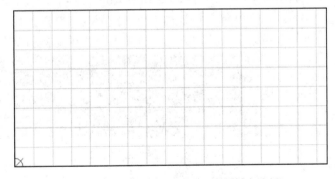

图 8-11　规划 83mm×40mm 的印制电路板

（6）执行菜单命令【设计】→【板子形状】→【重新定义板子形状】沿边框重新定义板子形状。

2. 从原理图加载网络表和元器件封装到 PCB

（1）打开"电子镇流器.SCHDOC"，执行菜单【工程】→"compileDocument 电子镇流器.SCHDOC"，编译原理图并修改错误。

（2）设置 Miscellaneous Devices .IntLib 和自制的封装库 PCBLIB1.PCBLIB 为当前库。

（3）在原理图编辑器中执行菜单命令【设计】→【update PCB Document 电子镇流器.PCBDOC】，弹出【工程更改程序】对话框，显示更新对象和内容，单击【生成更改】按钮，系统将检查变化是否正确有效，正确的更新在检查栏内显示"√"符号，不正确的显示"×"符号。

（4）单击【执行更改】按钮，系统将接受工程变化，将元器件封装和网络表添加到 PCB 编辑器中，并在对话框显示当前的错误信息，如图 8-12 所示。图中有 6 个与 L4 有关的错误信息，如"Footprint Not Found"，对应元器件时 L4，原因是 L4（2D 灯管）在原理图中没有设封装，此错误可以忽略，PCB 设计师增加 4 个焊盘用于连接灯管。

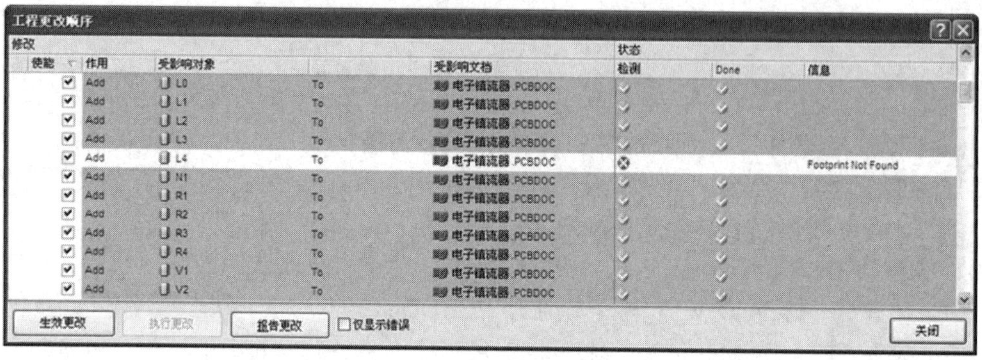

图 8-12 【工程更改顺序】对话框

第三步，PCB 手工布局及调整。

装载元件后如图 8-13 所示，元件分散在边框之外，此时可以通过 Room 空间布局方式将元器件移动到规划的边框中，然后通过手工调整的方式将元器件移动到适当的位置。

1. 通过 Room 空间移动元件

用鼠标选中"电子镇流器"Room 空间，点住左键将 Room 空间移动到边框内。

执行菜单命令【工具】→【器件布局】→【按照 Room 排列】，移动光标至 Room 空间单击鼠标左键，元器件将自动按类型整齐排列在 Room 空间内，单击鼠标右键结束操作，此时屏幕上会有一些画面残缺，可以执行菜单命令【查看】→【更新】刷新画面。

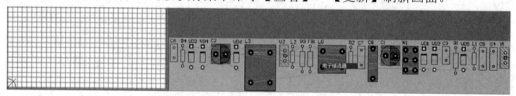

图 8-13 加载元器件后的 PCB

2. 手工布局调整

Room 空间排列后，选中 Room 空间，按<Delete>键将其删除。

手工布局就是通过移动和旋转元器件，根据信号流程和布局原则将元器件移动到合适的位置，尽量减少元器件间网络飞线交叉。

用鼠标左键点住元件不放，拖动鼠标移动元件，移动中按<空格>可以旋转元器件，一般不进行元件翻转。以免造成引脚无法对应。

手工布局调整后的 PCB 如图 8-14 所示，图中在机械层上有外框的封装具有 3D 模型（如 C1、C2），无外框的封装只有 2D 模型。

图中增加了 6 个独立焊盘，左侧 2 个用于电源输入，上方 4 个用于连接灯管。

布局结束，执行菜单命令【查看】→【切换到 3 维显示】屏幕显示该 PCB 的 3D 模型，如图 8-15 所示。

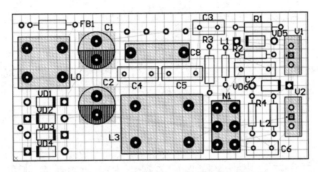

图 8-14　完成手工布局的 PCB 图

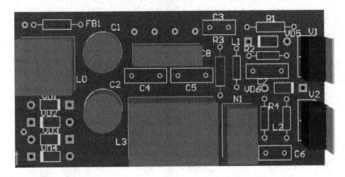

图 8-15　PCB 布局 3D 图

第四步，手工布线及调整。

1. 设置连接交流电源及灯管的焊盘网络

本例中为连接交流电源和灯管设置了 6 个独立焊盘。连接交流电源的 2 个焊盘网络分别为 NetFB1_1 和 NetVD3_1，连接灯管的 4 个焊盘网络依次为 NetC8_1、NetC4_2、NetC8_2、NetL3_2，为了顺利进行连接，必须将焊盘的网络设置成预支相连的元件焊盘网络，由于每个人绘制原理图的方式不同，元件的网络可能不同，因此焊盘网络的设置必须参考实际原理图进行。双击焊盘，弹出焊盘属性对话框，如图 8-16 所示，单击【网络】下拉列表框，在其中选择需要设置的网络，单击【确认】按钮完成设置。

2. 手工布线

布线前检查网络飞线是否正确，本例中还需为 L0 和 L3 的另外两个引脚添加网络，网络与其封装同排的焊盘网络相同。

执行菜单命令【设计】→【规则】，弹出【PCB 规则及约束编辑器】对话框，选中【Routing】

选项下的【Width】设置线宽规则,设置布线最小宽度为 1mm、最大宽度为 2mm,其他为 1mm。

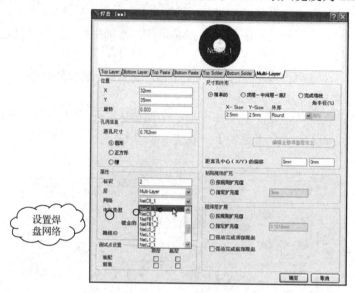

图 8-16　设置焊盘网络

在连线过程中,有时会出现连线无法从焊盘中央开始,此时可以将捕获网格减小到 0.25mm。

本例中连线转弯要求采用 45°或圆弧进行,可以在连线过程中按键盘上的<Shift>+<空格>键进行切换,在布线过程中如果出现元器件之间的间隙不足,无法穿过所需的连线时,则可以适当微调元器件的位置以满足要求。

3. 编辑焊盘尺寸

在 PCB 的设计过程中,如果焊盘尺寸大小不一,则需要进行调整。如果需要调整的焊盘数量较少,可以双击焊盘,直接修改焊盘的"X-Size"和"Y-Size"即可;如果需要修改的焊盘数量比较多,则可以通过全局修改的方式进行。

本例中将焊盘的"X-Size"和"Y-Size"修改为 2.5mm。修改焊盘后可能出现间距过小的警告,焊盘和连线将高亮显示,此时可微调元器件位置并重新连线以消除警告。

完成手工布线的 PCB 如图 8-17 所示,图中比较粗的连线上显示有当前连线的网络,若要查看细线上的网络,可以按键盘上的<Page Up>键放大屏幕即可在连线上显示网络信息。

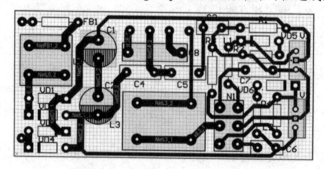

图 8-17　完成手工布线后的 PCB

4．设置 3D 状态下显示连线

因为系统默认 3D 状态的"底层阻焊层"是不透明的，所示在 3D 状态下看不见底层的连线，如要观察 3D 显示状态下的连线效果，可以在 PCB 处于 3D 显示状态下执行菜单命令【设计】→【板层颜色】，在弹出的如图 8-18 所示的【视图配置】对话框中，去除"颜色和可视化"区的"底层阻焊层"的选中状态，或减小"底层阻焊层"后的不透明性，即可显示底层的连线。调整后的 PCB 的 3D 图如图 8-19 所示。

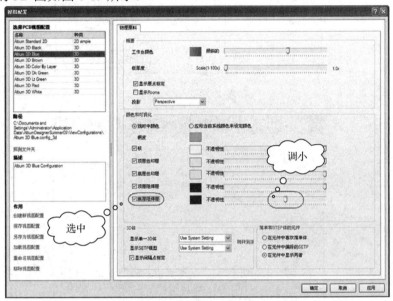

图 8-18　【视图配置】对话框

5．连线宽度的调整

一般 PCB 设计中，对于地线和大电流线路要加粗一些，另外在空间允许的情况下也可以加粗连线。线宽调整的方法为双击连线，在弹出的对话框中修改"宽度"，如图 8-20 所示。本例中整流滤波电路和灯管连接电路使用 2mm 的连线，其他采用 1mm 的连线。

6．调整丝印层文字

PCB 布线完毕，要调整好丝印层的文字，以保证 PCB 的可读性，一般要求丝印层文字的大小、方向要一致，不能放置在元器件框内或压在焊盘上。在设计中可能出现字符偏大，不易调整的问题，此时可以双击该字符，在弹出的对话框中减小"高度"中的数值，如图 8-21 所示。

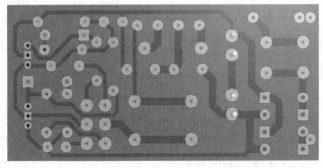

图 8-19　调整后的 PCB 的 3D 图

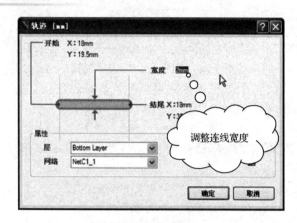

图 8-20　线宽修改

图 8-21　丝印层字符标识修改

8.3　覆铜设计

在 PCB 设计中，有时需要用到大面积铜箔，如果是规则的矩形，可以通过执行菜单【放置】→【填充】实现。如果不是规则的铜箔，则执行菜单命令【放置】→【多边形覆铜】实现。

下面以放置网络 NetC2_2 上的覆铜为例介绍覆铜的使用方法。

1.　放置覆铜

将工作层切换到 Bottom Layer，执行菜单命令【放置】→【多边形覆铜】，弹出如图 8-22 所示的【多边形覆铜】对话框，在其中可以设置覆铜的参数，本例中放置实心覆铜，选中"Solid（Copper Regions）"，工作层为"Bottom Layer"，覆铜连接的网络为"NetC2-2"，连接方式为"Pour Over All Same Net Objects"（覆盖所有相同网络的目标）。

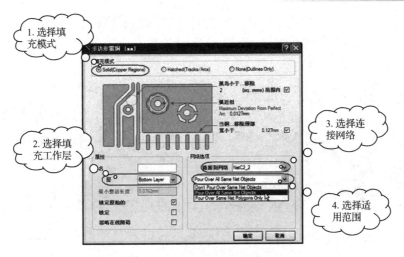

图 8-22　【多边形覆铜】对话框

设置完毕单击【确定】按钮进入放置覆铜状态，拖动光标到适当的位置，单击鼠标左键确定覆铜的第一个顶点位置，然后根据需要移动并单击鼠标左键绘制一个封闭的覆铜空间，覆铜放置完毕，在空白处单击鼠标右键退出绘制状态，覆铜放置的效果如图 8-23 所示。

从图中看出覆铜与焊盘的连接是通过十字线实现的，本例中希望覆铜时直接覆盖焊盘的，还需要进行覆铜规则设置。

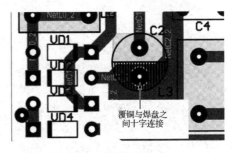

图 8-23　放置覆铜

2．覆铜连接方式

执行菜单命令【设计】→【规则】，弹出设计规则对话框，选中 "Plane" 选项下的 "Polygon Connect" 进入规则设置状态，如图 8-24 所示。

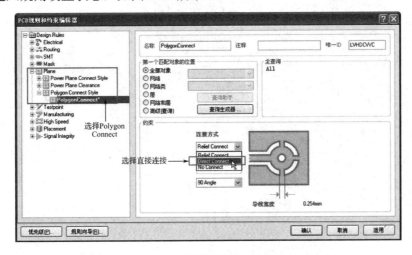

图 8-24　覆铜连接方式设置

在 "连接方式" 下拉列表框中选中 "Direct Connect" 设置连接方式为直接连接，单击【确认】按钮，弹出一个对话框提示是否重新建立覆铜，单击【Yes】按钮确认重画，重画结果如图 8-25 所示，从图中可以看出覆铜直接覆盖焊盘。根据需要放置其他覆铜。完成设计的电子镇流器 PCB 如图 8-26 所示。

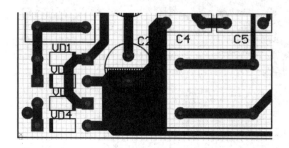

图 8-25　直接连接的覆铜

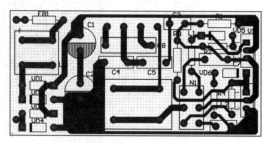

图 8-26　设计完成的电子镇流器 PCB

思考与练习

（1）如何从原理图载入网络表和元件？

（2）如何设置交互式布线的线宽？布线过程中如何调整布线线宽？

（3）如何改变焊盘的尺寸和网络？

（4）如何放置覆铜并设置参数？

教学微视频

扫一扫

第九章 电路板后期处理

 本章要点

（1）设置 PCB 规则。
（2）完善 PCB 板的设计。
（3）输出 PCB 报表。
（4）输出与打印 PCB 的 PDF 文件。

 教学目标

（1）了解 PCB 板设计相关的工程知识。
（2）理解常用的 PCB 规则的意义。
（3）掌握常用的 PCB 规则设置技巧。
（4）了解手工修改不合理布线的必要性。
（5）掌握补泪滴、包地处理的意义及方法。
（6）掌握添加覆铜、安装定位孔、文字标注和尺寸标注的方法。

9.1 设置 PCB 规则

用户为了满足设计需求，通常会对 PCB 电路进行自定义规则设置，可以对某个对象进行规则设置，也可以对某一类对象，甚至全局进行规则设置。这些规则包括多方面的内容，如布线线宽、布局的拓扑结构、对象的间距、过孔风格等。

Altium Designer 16 提供了 10 种不同的设计规则，如图 9-1 所示。图中左侧显示的是设计规则的类型，包括 Electrical （电气类型）、 Routing （布线类型）、SMT（表面贴装元件类型）规则等，右侧则显示对应设计规则的设置属性。

每条规则需要针对具体的 PCB 对象，设计规则有优先级区分。每条规则匹配的对象都包含【名称】【Where The Object Matches】【Where The First Object Matches】【Where The Second Object Matches】【Constraints】等内容的设置，如图 9-2 所示。

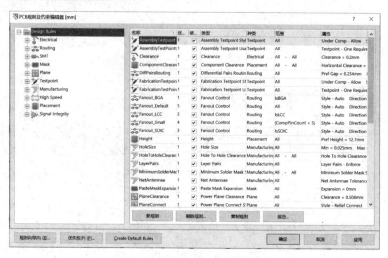

图 9-1　PCB 规则及约束编辑器

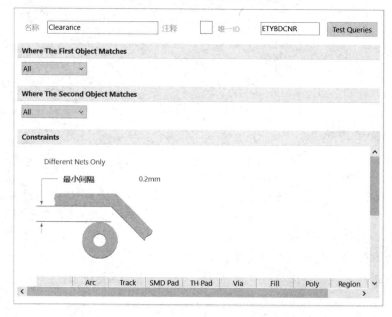

图 9-2　设置规则匹配对象属性

【名称】是用于识别该规则约束的对象，可以在此处修改规则的名称。

在【Where The Object Matches】【Where the First object matches】和【Where the Second object matches】的下拉菜单中，都有【All】【Net】【Net Class】【Layer】【Net and Layer】【Custom Query】选项，如图 9-3 所示。

【All】指全部对象。

【Net】指某一网络，选中该选项，可在右边对话框选择约束的网络，如图 9-4 所示。

【Net Class】指某一网络类。

【Layer】指某一层。

【Net and Layer】指某一层中的某一个网络。

【Custom Query】指自定义查询，约束的对象更广泛。

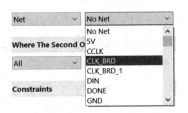

图 9-3　下拉菜单选项　　　　　　　　　　图 9-4　约束的网络选项

【Constraints】设置的内容，在不同的规则里，内容不相同。

本章将选取其中几项常用的规则进行讲解。

9.1.1 【Electrical】电气规则

执行菜单命令【设计】→【规则】，进入【PCB 规则及约束编辑器】属性对话框，【Electrical】是电气规则，单击"＋"展开该规则的目录，如图 9-5 所示。

【Electrical】电气规则是设置电路板布线时必须遵守的规则，包括安全间距、短路允许等4 个方面的设置。

图 9-5　电气规则目录

1. 【Clearance】安全间距规则设置

安全间距规则主要是用来设置 PCB 电路板中焊盘、导线、过孔、覆铜等对象之间最小的安全距离。打开安全间距属性对话框，该属性包含【名称】【Where The First Object Matches】【Where The Second Object Matches】【Constraints】等内容的设置，如图 9-6 所示。

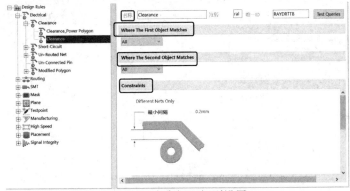

图 9-6　安全间距规则设置

【Constraints】用于对 PCB 电路中指定对象最小间距进行设置；当所有对象安全间距一致时，最小间距显示为具体数值，如 8mil；当对个别对象的最小间距进行局部修改后，最小间距显示为 N/A，如图 9-7 所示。

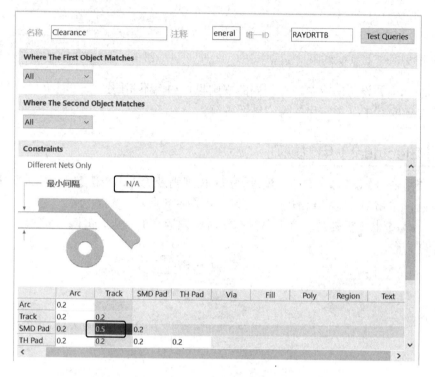

图 9-7 【Constraints】属性设置

下面以设置 PCB 电路安全间距任务为例，介绍安全间距的设置方法。

任务要求：设置 PCB 电路中除覆铜与电源网络类的最小安全间距为 0.3mm，其他安全间距为 0.2mm。

具体操作步骤如下。

（1）设置除覆铜与电源网络类最小间距外的其他对象最小间距。

进入【PCB 规则及约束编辑器】属性对话框，展开【Electrical】目录，展开【Clearance】目录，单击【Clearance】，在对话框右侧出现安全间距的设置区域，【Where The First Object Matches】项选【All】，【Where The Second Object Matches】项也选【All】，把【Constraints】的最小间距改为 0.2mm，此时，PCB 电路中所有对象的间距都变成 0.2mm，如图 9-8 所示。

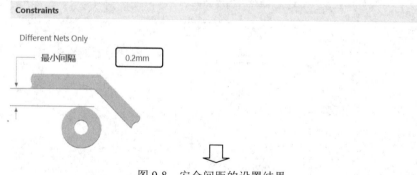

图 9-8 安全间距的设置结果

	Arc	Track	SMD Pad	TH Pad	Via	Fill	Poly	Region	Text
Arc	0.2								
Track	0.2	0.2							
SMD Pad	0.2	0.2	0.2						
TH Pad	0.2	0.2	0.2	0.2					
Via	0.2	0.2	0.2	0.2	0.2				
Fill	0.2	0.2	0.2	0.2	0.2	0.2			
Poly	0.2	0.2	0.2	0.2	0.2	0.2	0.2		
Region	0.2	0.2	0.2	0.2	0.2	0.2	0.2	0.2	
Text	0.2	0.2	0.2	0.2	0.2	0.2	0.2	0.2	0.2

Required clearances between electrical objects and Board Cutouts / Board Cavities are determined using the larges of Electrical Clearance rule's Region -to- object settings and Board Outline Clearance rule's settings.

图 9-8 安全间距的设置结果（续）

（2）对覆铜与电源网络类最小间距的设置。

① 右击【Clearance】，在弹出的对话框里选择【新规则】，如图 9-9 所示。

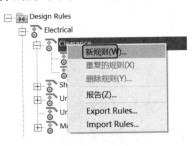

图 9-9 选择新规则

② 进入新建规则属性对话框，新规则名称系统默认为【Clearance_1】，为了方便识别该规则约束的对象，可以在【名称】选项中将新规则的名称修改为【Clearance-Power Polygon】，如图 9-10 所示。

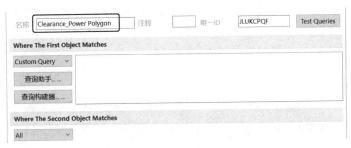

图 9-10 修改新规则名称

③ 在【Where The First Object Matches】的下拉菜单中选择【Custom Query】选项，进入自定义查询对话框，如图 9-11 所示。

图 9-11 选择自定义查询

单击【查询助手】，进入【查询助手】对话框，如图 9-12 所示。

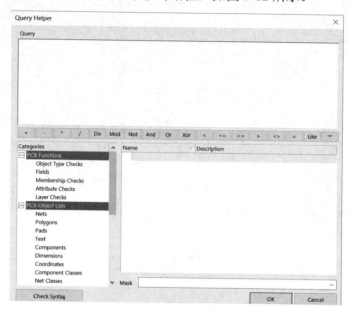

图 9-12　【查询助手】对话框

在【Gategories】→【Object Type Checks】中找到【IsPolygon】并双击，在查询对话框中将出现 IsPolygon，此处要把 IsPolygon 改为 InPolygon，否则会出现错误；接着，在逻辑菜单中选择【And】；最后，在【PCB Object Lists】→【Net Classes】中找到【Power】；设置完后，单击【OK】按钮返回，如图 9-13 所示。

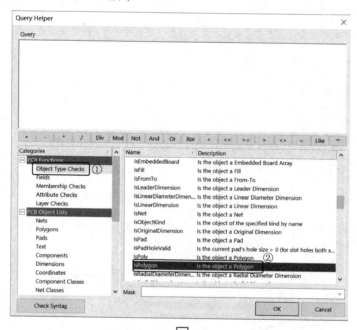

图 9-13　设置约束对象的过程

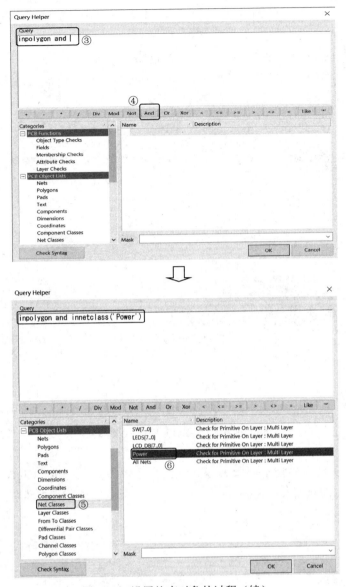

图 9-13　设置约束对象的过程（续）

设置完成的约束对象如图 9-14 所示。

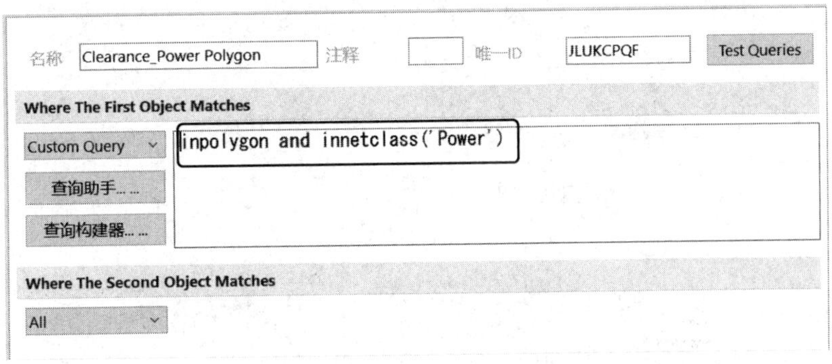

图 9-14　设置完成的约束对象

补充说明：如果用户对约束的对象和指令比较熟悉，则可以手工输入，不需要在查询助手中输入。

④ 在【Constraints】中把最小间距设置为 0.3mm。

（3）单击左下角【优先权】，把名称为【Clearance-Power Polygon】设为优先级 1，把名称为【Clearance】设为优先级 2，如图 9-15 所示。

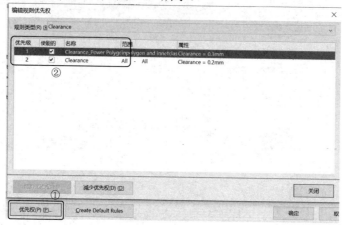

图 9-15　设置优先权

本任务设置完毕。

知识补充

（1）如要设置 PCB 电路中网络、网络类、层、网络与层的最小间距，则在【Where The First Object Matches】下拉菜单里选中对应的【Net】【Net Class】【Layer】或【Net and Layer】，并在旁边的选择框里选中约束的对象。

如设置【5V】网络的安全间距为 0.4mm：在【Where The First Object Matches】下拉菜单选中【Net】，右边选择框选中【5V】，在【Constraints】中把最小间距设置为 0.4mm，如图 9-16 所示。

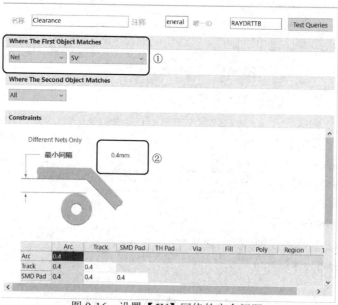

图 9-16　设置【5V】网络的安全间距

（2）在 Altium Designer 16 中，【Constraints】对象与对象之间的最小间距按坐标式呈阶梯形排列，也可以在该阶梯中修改对象与对象之间的安全间距，如图 9-17 所示。

Constraints

	Arc	Track	SMD Pad	TH Pad	Via	Fill	Poly	Region	Text
Arc	0.4								
Track	0.4	0.4							
SMD Pad	0.4	0.4	0.4						
TH Pad	0.4	0.4	0.4	0.4					
Via	0.4	0.4	0.4	0.4	0.4				
Fill	0.4	0.4	0.4	0.4	0.4	0.4			
Poly	0.5	0.5	0.5	0.5	0.5	0.5	0.5		
Region	0.4	0.4	0.4	0.4	0.4	0.4	0.4	0.4	
Text	0.4	0.4	0.4	0.4	0.4	0.4	0.4	0.4	0.4

Required clearances between electrical objects and Board Cutouts / Board Cavities are determined using the larges of Electrical Clearance rule's Region -to- object settings and Board Outline Clearance rule's settings.

图 9-17　设置对象与对象之间的安全间距

2.　【Short Circuit】短路设置

短路设置就是设置是否允许电路中有导线交叉短路。设置方法同上，系统默认不允许短路，即不选择【允许短电流】复选项，如图 9-18 所示。

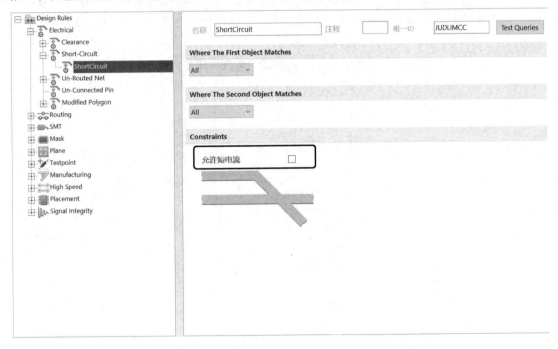

图 9-18　短路设置

3.　【Un-Routed Net】未布线网络设置

未布线网络设置可以检查指定网络的网络布线是否成功，如果不成功，将保持用飞线连接，如图 9-19 所示。

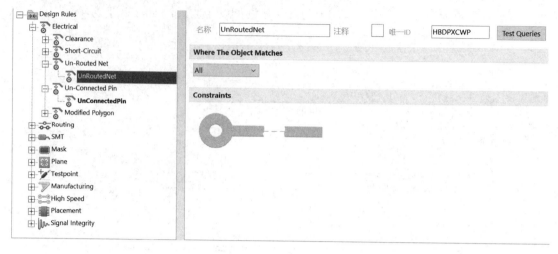

图 9-19　未布线网络设置

4.　【Un-connected Pin】未连接引脚设置

未连接引脚设置可以检查指定的网络是否所有元件引脚都连线了。

9.1.2　【Routing】布线规则

布线规则是手动布线和自动布线时所依据的重要规则，布线规则设置是否合理直接影响整个 PCB 电路的布线成功率（布通率）及质量。布线规则共有 8 项子规则，如图 9-20 所示。

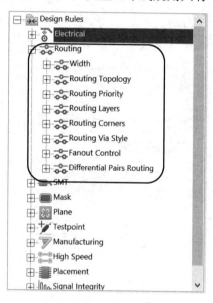

图 9-20　布线规则

1.　【Width】线宽规则设置

选择【Routing】→【Width】，进入【线宽规则】设置对话框，如图 9-21 所示。

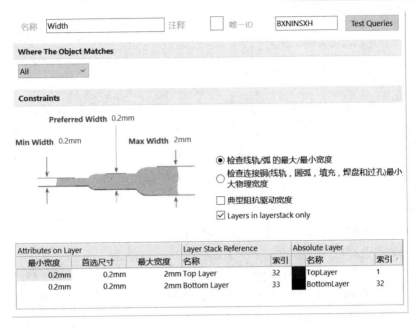

图 9-21　【线宽规则】设置对话框

可供选择的约束对象同安全间距。导线的宽度有三个值可供设置，分别为【Min Width】最小宽度、【Preferred Width】最佳宽度、【Max Width】最大宽度，系统默认线宽为 10mil，单击每个值可修改参数，如图 9-22 所示。

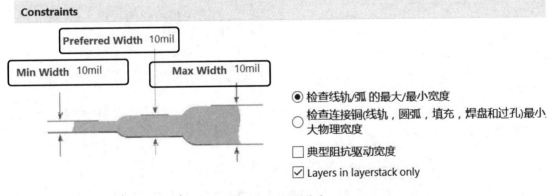

图 9-22　设置线宽

下面以设置 PCB 电路布线线宽为例，介绍线宽规则的设置方法。

任务要求：地线线宽最小值为 0.3mm、最大值为 2mm、最佳值为 0.3mm，其他导线线宽最小值为 0.2mm、最大值为 2mm、最佳值为 0.2mm。具体操作步骤如下：

（1）其他导线线宽的设置。

单击【Width】进入系统默认线宽设置对话框，在【Where The Object Matches】中选【All】，把【Min Width】改为 0.2mm，【Preferred Width】改为 0.2mm，【Max Width】改为 2mm，如图 9-23 所示。

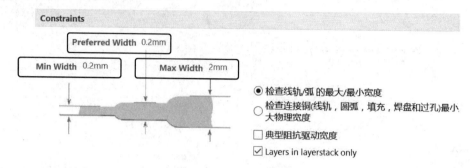

图 9-23 对其他导线线宽的设置

（2）电源网络类线宽的设置。

① 右击【Width】，在弹出的对话框里选择【新规则】。

② 把【名称】修改为【Width-GND】。

③ 在【Where The Object Matches】中选【Net】，在右边选项框选中【GND】。

④ 在【Constraints】中，把【Min Width】改为 0.3mm，【Preferred Width】改为 0.3mm，【Max Width】改为 2mm。如图 9-24 所示。

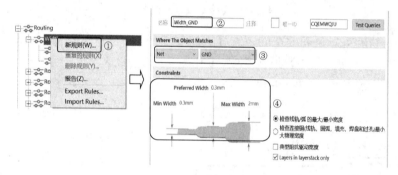

图 9-24 电源网络类线宽的设置

（3）单击左下角【优先权】，把名称为"Width-GND"设为优先级 1，把名称为"Width"设为优先级 2。如图 9-25 所示。

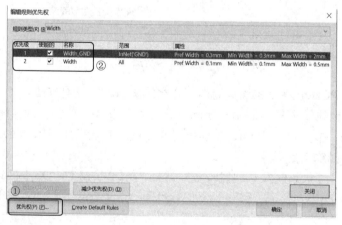

图 9-25 设置规则的优先权

布线线宽任务设置完毕。

2.【Routing Topology】布线拓扑规则设置

布线拓扑规则是用于设置自动布线时导线的拓扑逻辑约束的。Altium Designer 16 提供了7 种布线拓扑结构，系统默认的是最短布线拓扑规则，但在电路设计中，设计者可根据电路系统的特点选择不同的布线拓扑结构，这样也有利于提高布通率及布线质量。

（1）【Shortest】最短规则。

从【拓扑】下拉菜单中选择【Shortest】选项，该选项的定义是在布线时连接所有节点的连线最短规则，如图 9-26（a）所示。

（2）【Horizontal】水平规则。

选择【Horizontal】选项，它采用连接节点水平方向连线最短规则，如图 9-26（b）所示。

（3）【Vertical】垂直规则。

选择【Vertical】选项，它采用连接节点垂直方向连线最短规则，如图 9-26（c）所示。

（4）【Daisy-Simple】简单雏菊规则。

选择【Daisy-Simple】选项，它采用的是使用链式连通法则，从一点到另一点连通所有的节点，并使连线最短，如图 9-26（d）所示。

（5）【Daisy-MidDriven】雏菊中点规则。

选择【Daisy-MidDriven】选项，它选择一个 Source （源点），并以它为中心向左右连通所有的节点，并使连线最短，如图 9-26（e）所示。

（6）【Daisy-Balanced】雏菊平衡规则。

选择【Daisy-Balanced】选项，它也选择一个源点，将所有的中间节点数目平均分成组，所有的组都连接在源点上，并使连线最短，如图 9-26（f）所示。

（7）【Starburst】星形规则。

选择【Starburst】选项，它也是采用选择一个源点，以星形方式去连接别的节点，并使连线最短，如图 9-26（g）所示。

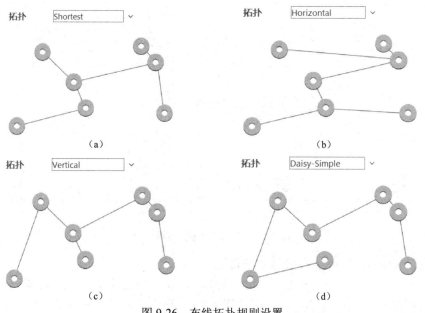

图 9-26　布线拓扑规则设置

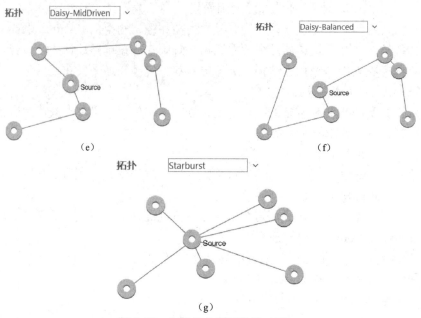

图 9-26　布线拓扑规则设置（续）

3. 【Routing Priority】布线优先级规则设置

布线优先级规则用于设置自动布线时布线的优先次序，优先级高的网络先布线，优先级低的网络后布线，而且优先级低的网络不能覆盖优先级高的网络，但优先级高的网络可以覆盖优先级低的网络。设置的范围为 0~100 ，数值越大，优先级越高。如图 9-27 所示。

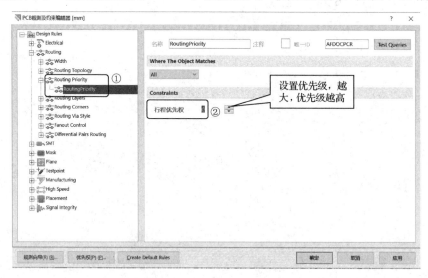

图 9-27　布线优先级规则设置

4. 【Routing Layers】布线层规则设置

布线层规则用于设置在自动布线或手工布线时允许布线的工作层，较多用于多层板电路设计。在双层板电路中，系统默认顶层、底层均能布线，如果要设计单层板，则把顶层的钩去掉，如图 9-28 所示。

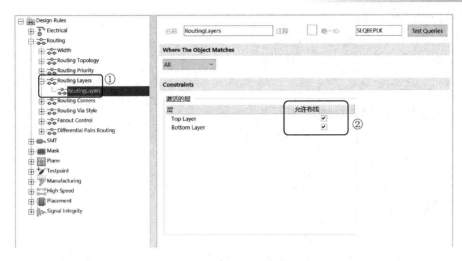

图 9-28　布线层规则设置

5.【Routing Corners】布线拐角规则设置

布线拐角有 90°拐角、45°拐角和圆形拐角三种，从【类型】下拉菜单可选择拐角。当选择的是 45°拐角或圆形拐角时，可在【退步】文本框中设定拐角的长度，在【to】文本框中设置拐角的大小。如图 9-29 所示。

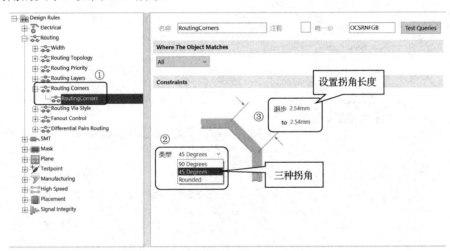

图 9-29　布线拐角规则设置

6.【Routing Via Style】过孔规则设置

过孔规则设置用于设置布线中导孔的尺寸。过孔的参数有过孔直径【Via Diameter】和通孔直径【Via Hole Size】，包括【Maximum】最大值、【Minimum】最小值和【Preferred】首选值，如图 9-30 所示。设置时需注意过孔直径和通孔直径的差值不宜过小，否则将不利于制版。

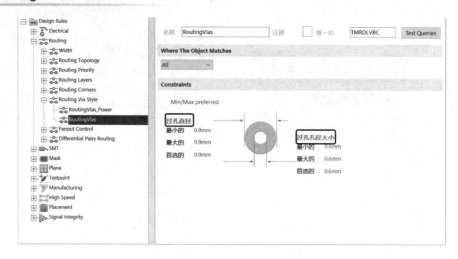

图 9-30　过孔规则设置

7. 【Fanout Control】扇出布线规则设置

扇出布线规则用于设置扇出式导线的形状、方向及焊盘、过孔的放置等。

8. 【Differential Pairs Routing】差分对布线规则设置

差分对布线规则用于设置差分对网络的参数，如图 9-31 所示。

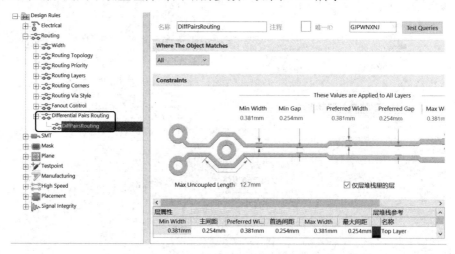

图 9-31　差分对布线规则设置

9.1.3 【Mask】阻焊层设计规则

阻焊层设计规则用于设置焊盘到阻焊层的距离，主要有【Solder Mask Expansion】和【Paste Mask Expansion】两种规则。

1. 【Solder Mask Expansion】阻焊层延伸量规则设置

阻焊层延伸量规则用于设计从焊盘到阻碍焊层之间的延伸距离。在制作电路板时，阻焊层要预留一部分空间给焊盘。延伸量的作用就是防止阻焊层和焊盘相重叠，系统默认值为4mil，在【Expansion Top】中设置延伸量的大小，如图 9-32 所示。

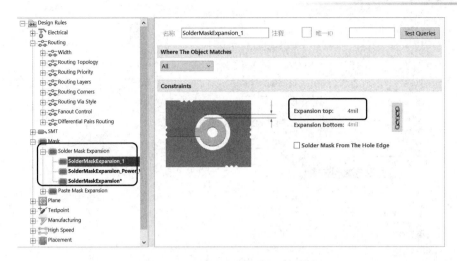

图 9-32 阻焊层延伸量规则设置

2. 【Paste Mask Expansion】表面贴装元件延伸量规则设置

表面贴装元件延伸量规则用于设置表面贴装元件的焊盘外边缘和覆焊锡层之间的距离。在 SMD 中，通常钢膜上孔径的大小会比电路板上的实际孔径还小一些，通过指定一个扩展规则放大或缩小锡膏防护层。在【扩充】中可设置延伸量的大小，如图 9-33 所示。

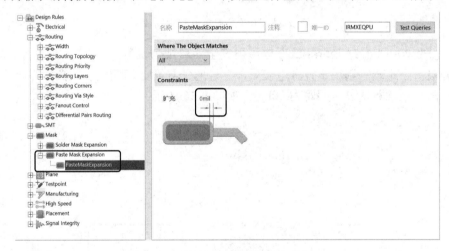

图 9-33 表面贴装元件延伸量规则设置

9.1.4 【Plane】内层设计规则

内层设计规则主要用于多层板的设计。

1. 【Power Plane Connect Style】电源层连接方式规则设置

电源层连接方式规则用于设置导孔到电源层的连接。【关联类型】中提供了三种连接方式：【Relief Connect】发散状连接、【Direct Connect】直接连接和【No Connect】不连接。其中，【Relief Connect】发散状连接方式可选择用 2 条或 4 条导线连接，如图 9-34 所示。

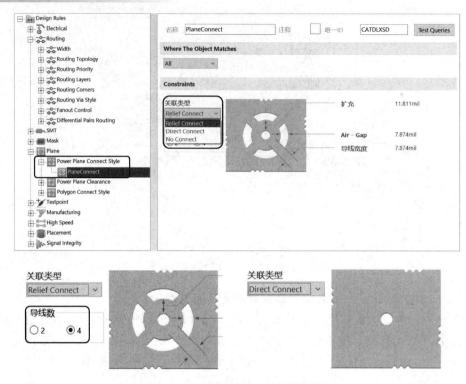

图 9-34　电源层连接方式规则设置

2. 【Power Plane Clearance】电源层安全距离规则设置

电源层安全距离规则用于设置电源层与穿过它的导孔之间的安全距离，即防止导线短路的最小距离，系统默认安全间距为20mil，如图 9-35 所示。

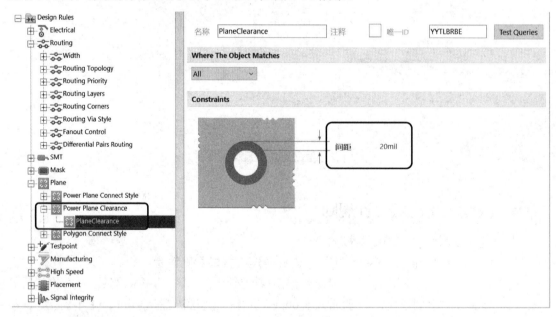

图 9-35　电源层安全距离规则设置

3. 【Polygon Connect Style】覆铜连接方式规则设置

覆铜连接方式规则用于设置覆铜与焊盘之间的连接方式。连接方式设置与电源层连接方式相同，多了覆铜与焊盘之间的连接角度设置，有 90°拐角、45°拐角两种选择。如图 9-36所示。

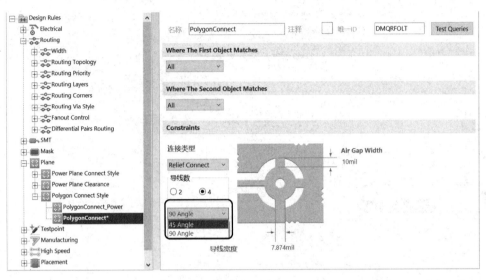

图 9-36　覆铜连接方式规则设置

9.1.5 【Manufacturing】制版规则

制版规则主要用于对电路板制版的设置。

1. 【Minimum Annular Ring】最小焊盘环宽规则设置

制作电路板时的最小焊盘宽度，即焊盘外直径和导孔直径之间的有效值，系统默认值为10 mil，如图 9-37 所示。

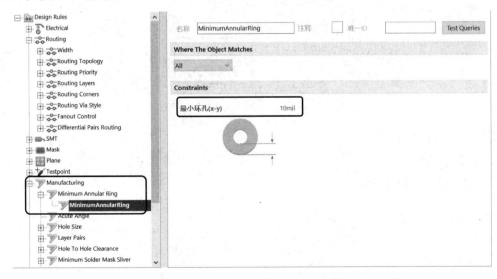

图 9-37　最小焊盘环宽规则设置

2. 【Acute Angle】导线夹角规则设置

两条铜膜导线的夹角应不小于 60°，如图 9-38 所示。

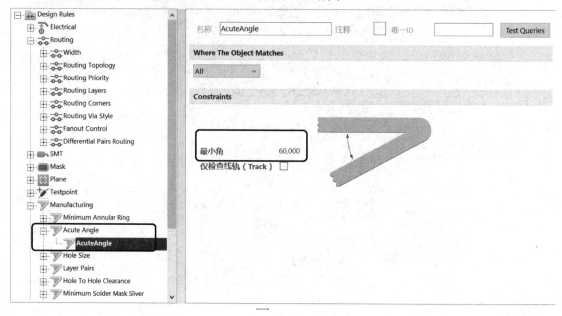

图 9-38　导线夹角规则设置

3. 【Hole Size】过孔直径规则设置

过孔直径规则用于设置过孔的内直径大小，可以指定过孔内直径的最大值和最小值，有两种表达方法：一种是绝对值；另一种是百分比，如图 9-39 所示。

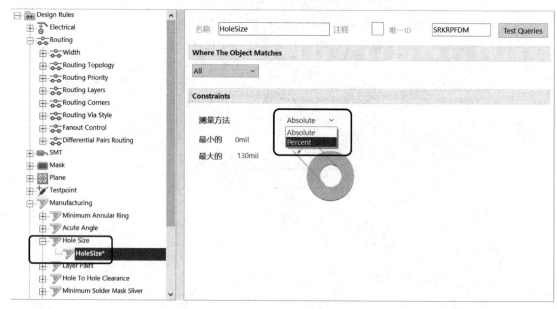

图 9-39　过孔直径规则设置

9.1.6 【Placement】元件布置规则

1. 【Component Clearance】元件间距规则设置

元件间距规则用于设置自动布局时元件封装之间的最小间距，可设置指定元件与元件之间的安全间距，也可以设置封装与封装之间的最小安全间距，如图 9-40 所示。

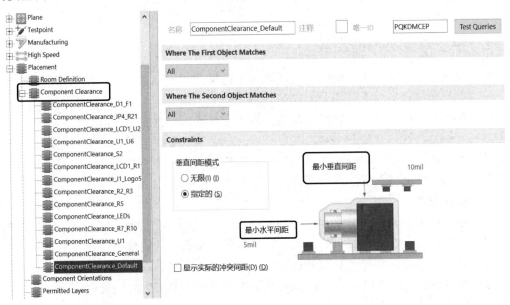

图 9-40　元件间距规则设置

2. 【Height】元件高度规则设置

元件高度规则用于设置元件封装的高度。该规则与产品关系度较高。PCB 制作完成后最终要安装外壳，如果元件封装太高，无法装入外壳，则此 PCB 制作不成功。本规则设置限制了元件封装的最大值和最小值，以及封装放置的首选值，设置对象在【Where The Object Matches】下拉菜单中选取，如图 9-41 所示。

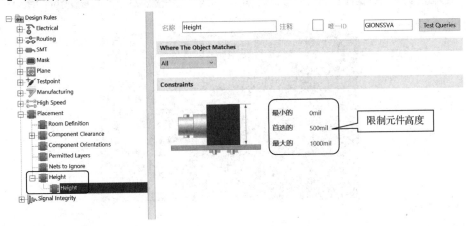

图 9-41　元件高度规则设置

9.2 完成 PCB 板的设计

根据电路需要，设置完 PCB 电路规则后，可采用自动布线或手动布线的方式对整块 PCB 板进行布线。布局与布线方法在本章之前已经介绍过，此处不重复介绍。布线后的 PCB 电路板还不能算一块完整的、可投入加工生产的电路板，还需要对其进一步完善。

9.2.1 手工修改不合理走线

自动布线虽然提高了布线效率，但质量却不能保证，设计者在使用自动布线后，还需要手工修改自动布线产生的走线不合理的地方。

自动布线后的电路板上比较常出现的走线不合理现象主要有以下几种。

（1）走线绕行过远，如图 9-42（a）所示。在简单电路中，不考虑信号及高频干扰，走线绕行太远产生的问题不大；但在规模较大、结构较复杂的电路中，由于信号线比较多，还可能存在高频电路的情况下，走线绕行太远可能产生天线效应，导致电路不能正常工作，或者信号的质量较差。

（2）导线拐角小于 90°，如图 9-42（b）所示。从制板工艺角度看，小于 90°的拐角在制板时较难腐蚀，在过尖的拐角处，铜箔容易剥落或翘起；从信号角度看，特别是在高频电路中，小于 90°的拐角增加了制板导线总长度，因此而产生的寄生电阻与寄生电感会影响高频信号的电气性能；再者，电路中出现过尖的拐角不利于电路板简洁美观。

（3）产生冗余导线，如图 9-42（c）所示。

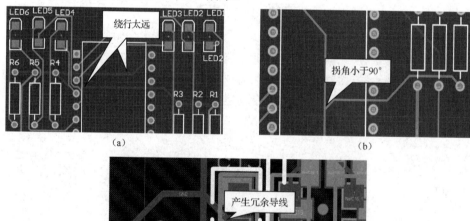

图 9-42　布线不合理的 PCB

手工修改不合理走线的步骤如下。

（1）找出走线不合理地方。

（2）删除或取消原布设的导线。

（3）根据布线电气规则，手工连接导线。

9.2.2　补泪滴

1．补泪滴的意义

泪滴是焊盘与导线或导线与导孔之间的滴状连接过度，形状像泪滴，故常称为补泪滴（Teardrops）。

设置泪滴的目的如下。

（1）在电路板受到巨大外力的冲撞时，设置泪滴可避免导线与焊盘或者导线与导孔的接触点断开。

（2）设置泪滴可避免信号线宽突然变小而造成反射。

（3）焊接时，可以保护焊盘，避免因多次焊接使焊盘脱落。

（4）加强连接的可靠性，避免生产时因蚀刻不均、过孔偏位出现的裂缝等。

（5）平滑阻抗，减少阻抗的急剧跳变。

2．补泪滴的方法

执行菜单命令【工具】→【泪滴】，进入泪滴选项对话框，如图 9-43 所示。

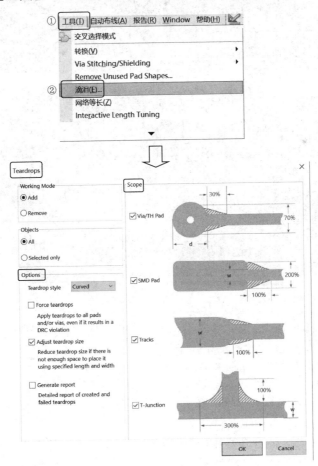

图 9-43　补泪滴设置

【Add】添加泪滴。

【Remove】删除泪滴；

【Objects】有两种补泪滴对象：【All】全部；【Selected only】被选对象。

【Teardrop style】有两种补泪滴形式：【Curved】是弧线补泪滴；【Line】是直线补泪滴；

【Force teardrops】 强制性补泪滴。

【Adjust teardrop size】调整大小的泪滴。

【Generate report】生成报告。

【Scope】提供补泪滴的对象及修改泪滴的形状。

以上选项可根据电路图需要选中。

以图 9-43 设置选项，补泪滴前后效果如图 9-44 所示。

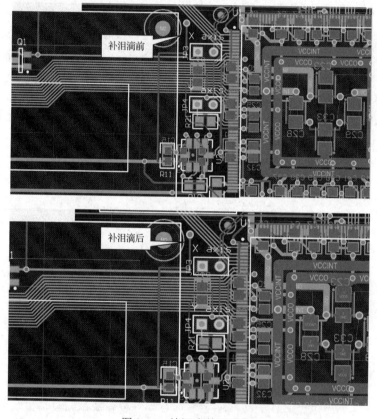

图 9-44　补泪滴前后效果

补充说明：补泪滴操作一定要在覆铜之前；否则，将需要重新覆铜。

9.2.3　包地处理

在 PCB 设计中，抗干扰的处理措施有很多，如包地处理。包地是把接地的导线与某个或某类网络包围起来，达到屏蔽干扰的目的。

例如，单片机里的时钟电路就是一个调频的噪声源，不仅能干扰本系统，还能对外界产生干扰，使其他系统的电磁兼容检测不达标。利用包地处理，即将布线周围用地线隔离，可达到减小干扰的目的。

包地处理操作步骤如下。

1. 选择需要包地处理的网络或导线

执行菜单命令【编辑】→【选中】→【网络】，光标变成十字形，移动光标到要进行包地处理的网络，单击选中，被选中的网络处于掩膜状态，如图 9-45 所示。

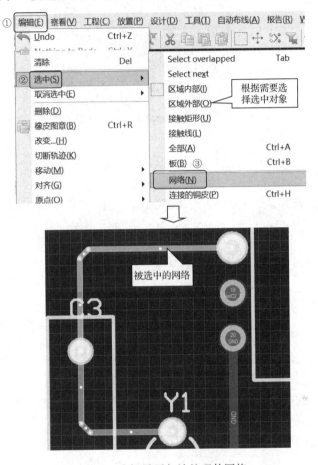

图 9-45 选择需要包地处理的网络

2. 放置包地导线

执行菜单命令【工具】→【描画选择对象的外形】，系统自动在被选中对象周围放置包地导线。此时，包地导线尚无连接网络，选中包地导线，将其连接网络设置为 GND，包地处理完成，如图 9-46 所示。

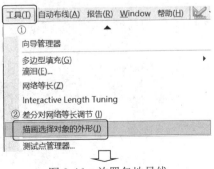

图 9-46 放置包地导线

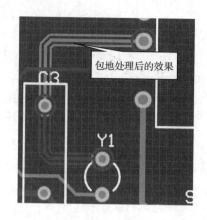

图 9-46 放置包地导线（续）

3. 取消包地导线

执行菜单命令【编辑】→【选中】→【连接的铜皮】，光标变成十字形，移动光标到要取消的包地导线上，单击选中，此时按下"Delete"键即可取消包地导线。

9.2.4 放置安装定位孔、标注尺寸和文字说明

1. 放置安装定位孔

为方便电路板的装配，一般需要添加安装定位孔。以"单片机模拟双向交通灯"电路为例，讲解放置安装定位孔的方法。

利用坐标法放置安装定位孔，其精确度可以更高，具体操作步骤如下。

（1）选择安装定位孔放置板层。

电路板的安装定位孔一般放置在机械层，在工程设计中，如果不想在覆铜时覆盖安装定位孔，则可在禁止布线层再放置一个安装定位孔，且两者重叠。

Altium Designer 16 有 16 个机械层，没有特定要求，一般放置在机械层 1【Mechanical1】，如图 9-47 所示。

图 9-47 选择安装定位孔放置板层

（2）确定安装定位孔位置。

选择电路板的一个角并设置为坐标原点，执行菜单命令【编辑】→【原点】→【设置】，鼠标变成十字形，移动鼠标到设置原点位置并单击，原点位置重新设定，如图 9-48 所示。

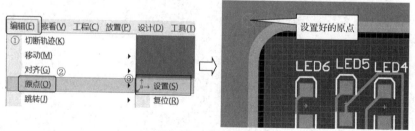

图 9-48 设置原点

（3）执行菜单命令【放置】→【圆环】，鼠标变成十字形，移到放置安装定位孔的大致位置，拖动鼠标，绘制任意大小圆环，如图9-49所示。

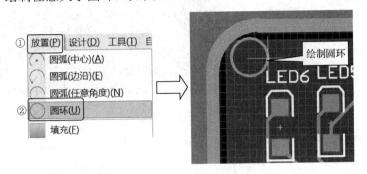

图9-49　绘制圆环

（4）双击圆环进入属性对话框，修改圆环半径与安装定位孔半径一致，设置【X】【Y】坐标，坐标即为安装定位孔距离板子边界的距离，设置完毕后，单击【确认】按钮，本安装定位孔绘制完毕，如图9-50所示。

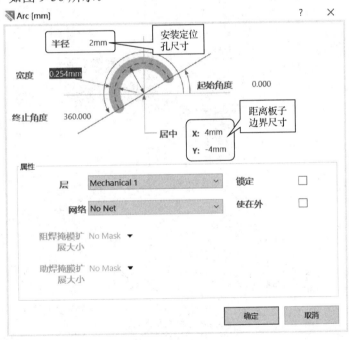

图9-50　绘制安装定位孔

（5）用同样的方式可绘制另外三个安装定位孔。

2. 放置标注尺寸

标注尺寸放置的板层也是在机械层，双层板如没有特别指定，一般放置在机械层1【Mechanical1】，与安装定位孔所在的层一致。

操作方法比较简单：选择机械层1【Mechanical1】，执行菜单命令【放置】→【尺寸】，里面有不同类型的标注尺寸，选择合适的类型，如【尺寸】，鼠标变成十字形，移动鼠标到放置位置的起点，单击左键，确定标注尺寸放置的起点，拖动鼠标到放置位置的终点，单击左键，标注尺寸绘制完毕，如图9-51所示。

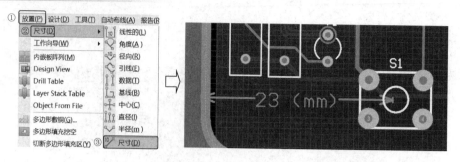

图 9-51　放置标注尺寸

3. 放置文字说明

放置文字说明的作用是对电路进行标注说明，一般放置在丝印层上。具体操作方法：选择顶层丝印层【Top Overlay】，执行菜单命令【放置】→【字符串】，鼠标变成十字形，并带出 "String" 字符，如图 9-52 所示；按下键盘【Tab】按键，进入字符串编辑对话框，如图 9-53 所示，修改文字内容，修改字符大小及角度，单击【确定】按钮，鼠标带着要放置的文字说明，移动鼠标到放置位置单击左键，文明说明放置完毕，如图 9-54 所示。

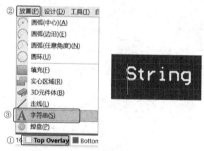

图 9-52　启动放置文字命令

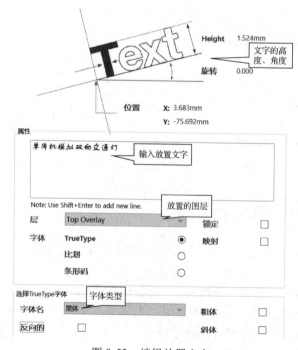

图 9-53　编辑放置文字

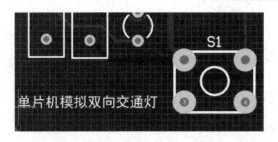

图 9-54　文字说明放置效果

9.2.5　覆铜

覆铜是 PCB 设计中很重要的一部分，在完成了布局、布线之后，对 PCB 电路进行覆铜操作。

所谓覆铜，就是以 PCB 板上闲置的空间作为基准面，用固体铜填充。覆铜的意义在于，减小地线阻抗，提高抗干扰能力；降低压降，提高电源效率；与地线相连，减小环路面积。

以"SL1 Xilinx Spartan-IIE PQ208 Rev1.01"电路为例，讲解顶层、底层覆铜操作步骤如下。

（1）对顶层覆铜。选择顶层【Top Layer】，执行菜单命令【放置】→【多边形覆铜】，或者单击工具栏上的 ，进入覆铜属性设置对话框，如图 9-55 所示。

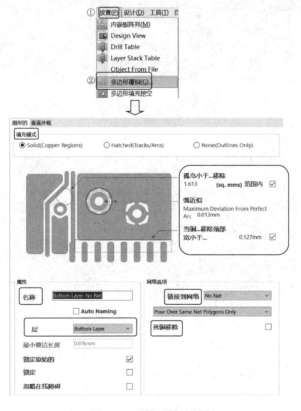

图 9-55　覆铜属性设置

【Solid】实心填充，填充区为整块铜箔。

【Hatched】影线化填充，填充铜箔为网格状。

【None】无填充，只有一个铜箔边框。

哪一种填充模式好，不能一概而论，各有优缺点，本例选用系统默认的填充模式。

【名称】对覆铜区设置名称。

【层】覆铜放置的层，如果在进入属性对话框前已经选择了放置的层，则此处不需要再选择。

【链接到网络】选择覆铜链接的网络，本例选择"GND"网络。

【死铜移除】删除在覆铜范围内没有跟任何网络连接的导线或铜块。

【Pour Over Same Net Polygons Only】下拉菜单，选择覆铜时可覆盖或不能覆盖的网络。

【孤岛小于…移除】【弧近似】【当铜…移除颈部 宽小于…】是孤岛移除选项。打勾选中，则满足设置参数的片区不覆铜；去掉打勾，则选中区域均覆铜。

设置完覆铜属性，"SL1 Xilinx Spartan-IIE PQ208 Rev1.01"电路顶层覆铜，效果如图 9-56 所示。

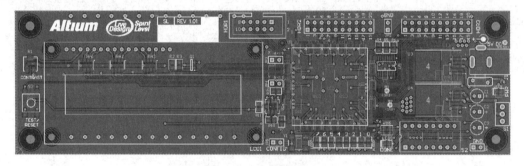

图 9-56　顶层覆铜效果

（2）用同样的方法对底层覆铜，效果如图 9-57 所示。

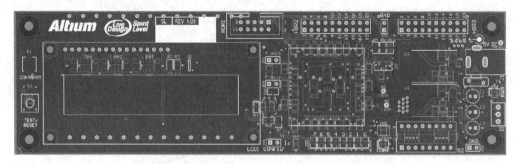

图 9-57　底层覆铜效果

9.3　输出 PCB 报表

输出 PCB 报表与输出原理图报表操作方法相似，输出原理图报表是以原理图文件建立的报表，而 PCB 报表是以 PCB 文件建立的报表。具体操作步骤如下。

执行菜单命令【报告】→【Simple BOM】，系统自动生成与 PCB 文件名称一致的报表，后缀为".BOM"。如图 9-58 所示。

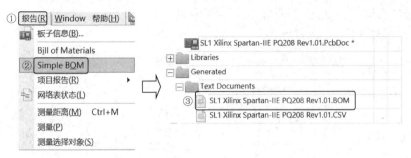

图 9-58 输出 PCB 报表

9.4 输出与打印 PCB 的 PDF 文件

Altium Designer 16 可以使用 OutJob 输出 PCB 的 PDF 文件，具体操作方法与输出原理图的 PDF 文件的操作方法相似，具体操作步骤如下。

1. 新建 OutJob 文件

执行菜单命令【文件】→【新建】→【输出工作文件】，如图 9-59 所示。

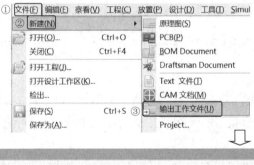

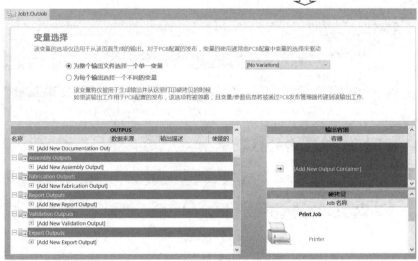

图 9-59 新建 Out Job 文件

2. 选择要输出的 PCB 文件

执行菜单命令【Documentation Outputs】→【Add New Documentation Output】→【PCB Prints】，选择要输出的 PCB 文件名称，如图 9-60 所示。

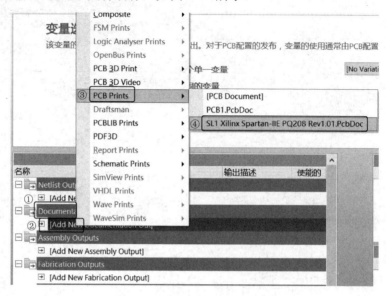

图 9-60　选择要输出的 PCB 文件

3. 设置 PCB 输出属性

双击【PCB Prints】，进入 PCB 输出属性对话框，如图 9-61 所示。

以单独输出"SL1 Xilinx Spartan-IIE PQ208 Rev1.01"电路的顶层和底层为例，讲解 PCB 输出的具体操作步骤。

（1）输出顶层的 PDF 文件。

① 执行菜单命令【Documentation Outputs】→【Add New Documentation Output】→【PCB Prints】→【SL1 Xilinx Spartan-IIE PQ208 Rev1.01.PcbDoc】，双击【PCB Prints】，进入 PCB 输出属性对话框。

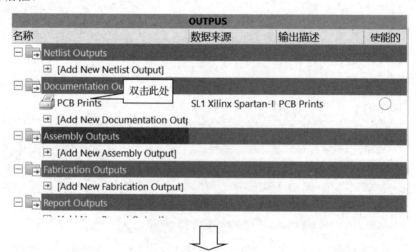

图 9-61　设置 PCB 输出属性

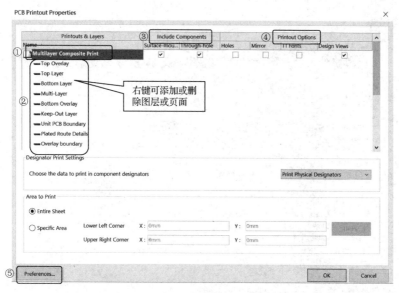

图 9-61　设置 PCB 输出属性（续）

①—输出的页面；②—输出页面包含的图层，右键可添加或删除页面和图层；③—输出页面包含的元件；④—输出打印选项，是否包含孔，是否需要镜像等；⑤—单击【Preferences…】进入如图 9-62 所示【PCB 打印设置】对话框，可以修改各层的颜色、字体等。

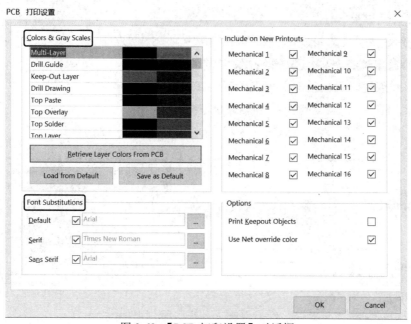

图 9-62　【PCB 打印设置】对话框

②　在需要删除的图层上右击，在弹出的菜单中选择【Delete】命令删除选中图层，单击【OK】按钮退出 PCB 输出属性对话框，如图 9-63 所示。

③　在输出容器中选择 PDF 文件，选择【PCB Prints】→【使能的】命令，在如图 9-64 所示的输出容器中选择 PDF 文件。

④　单击【生成内容】按钮，即可生产顶层 PDF 文件。图 9-65 为 PDF 文件中的电路图。

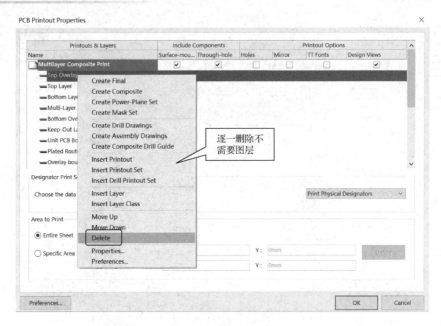

图 9-63　删除图层

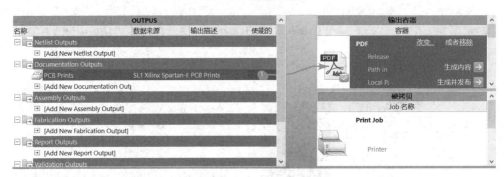

图 9-64　在输出容器中选择 PDF 文件

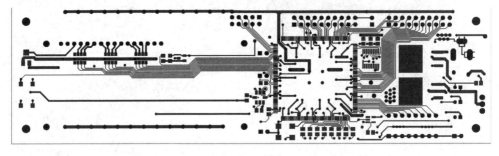

图 9-65　生成的 PDF 文件中的电路图

（2）输出顶层 PDF 文件。

① 双击【PCB Prints】进入输出属性对话框，在输出页面右击，在弹出的菜单中选择【Insert Layer】命令添加图层，如图 9-66 所示。

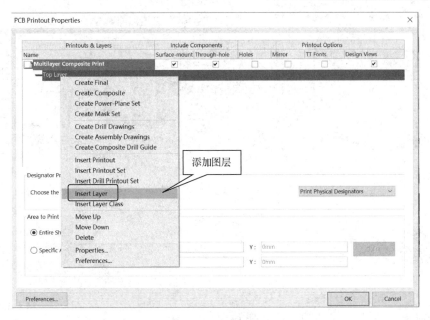

图 9-66 添加图层

② 打开板层属性，在【打印板层类型】下拉菜单中选择【Bottom Layer】选项，此时，输出页面添加了底层图层，如图 9-67 所示。

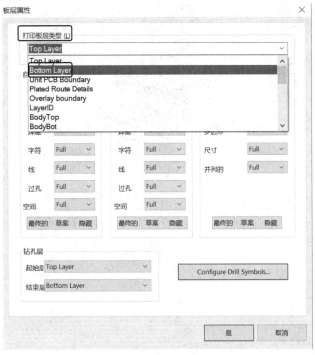

图 9-67 添加底层图层

③ 删除【Top Layer】，单击【OK】按钮退出 PCB 输出属性对话框。接下来的操作与输出顶层 PDF 文件一样，此处不重复，输出的底层 PDF 文件中的电路图如图 9-68 所示。

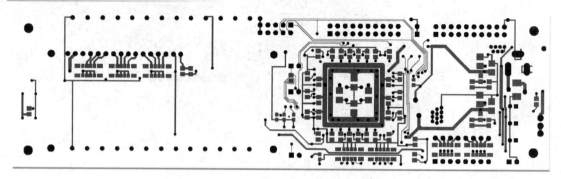

图 9-68 输出的底层 PDF 文件中的电路图

思考与练习

（1）PCB 规则设置，主要有哪几类？
（2）完善 PCB 电路设计的方法有哪几种？
（3）输出 PCB 报表的方法。
（4）输出与打印 PCB 的 PDF 文件的方法。

教学微视频

扫一扫

第十章
创建PCB元件封装

本章要点

（1）创建 PCB 元件封装的重要性和必要性。
（2）创建 PCB 元件封装的方法：向导法和手工法。

教学目标

（1）了解创建元件封装的必要性和重要性。
（2）了解元件封装的结构及主要参数。
（3）掌握向导法创建元件封装的方法。
（4）掌握手工法创建元件封装的方法。

10.1　创建 PCB 元件封装的必要性

　　随着电子技术和材料技术的不断发展，新电子元件不断出现，新封装元件和非标准封装元件也不断涌现，Altium Designer 16 的 PCB 封装库中不可能包含设计者所需的所有元件的封装，更不可能预包含最新出现的新元件和非标准元件的封装，为了满足 PCB 设计的需求，设计者必须自制 PCB 元件封装。（软件开发商和电子爱好者经常在网络上共享自制的 PCB 元件封装包，可下载参考使用。）

　　自己创建 PCB 元件封装一般有以下三种方法。一是向导法。此方法适用于外形和引脚排列比较规范的元件。二是手工法。此方法适用于任何元件，但操作比较复杂。三是对库中原有的引脚封装进行编辑修改，得到新的封装。

　　本书只介绍第一、二种方法。重点介绍第二种：手工法。手工法也可以称之为万能法，它适用于制作任何形式的元件封装。建议所有学习者努力掌握此法。

10.2 创建 PCB 封装库文件

为便于文件的管理和使用，PCB 元件封装以库文件的形式存在，所以在制作 PCB 元件封装之前，必须先创建一个 PCB 封装库文件，然后在此库中新建各种需要制作的元件封装。

选择菜单栏中的【文件】→【新建】→【库】→【PCB 元件库】命令，如图 10-1 所示，即可创建一个默认名称为 "Pcblib1.Pcblib" 的库文件，然后保存文件。也可根据需要对文件重命名，效果如图 10-2 所示。

图 10-1　创建 PCB 封装库文件　　　　　　　　图 10-2　重命名库文件

下面以创建一位**数码管**的封装为例分别介绍向导法和手工法制作 PCB 元件封装的过程。

10.3 使用向导法创建 PCB 元件封装

向导法创建 PCB 元件封装的操作比较简单，只需要依照向导，一步一步设置好相关参数及选项即可最后生成所需的元件封装。当然，在创建之前，必须先获得对应元件的封装参数。

元件封装一般包含的几个重要参数：引脚数目、引脚粗细、引脚间距、轮廓形状及大小。

10.3.1 观察及测量确定元件封装的主要参数

看：引脚数目，引脚排列情况，轮廓形状。

量：引脚粗细，引脚间距。

通过测量得到如图 10-3 所示的各项参数。

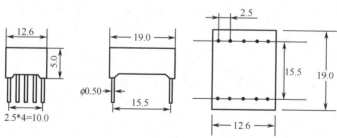

图 10-3　数码管的各项参数

引脚数目：10；引脚粗细：0.5mm；相邻两脚中心间距：2.5mm。

两列引脚中心间距：15.5mm。

10.3.2　利用向导法创建数码管的封装

在"库"工作面板中单击右键，在弹出的菜单中选择【元件向导】命令，打开如图 10-4 所示对话框。单击【下一步】按钮，打开如图 10-5 所示对话框。在图中选取合适的器件图案，数码管的封装应选取 DIP 形式的图案，单位选择公制单位：Metric（mm）。

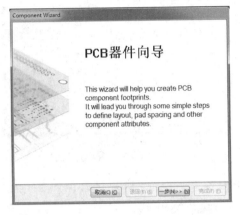

图 10-4　器件向导

图 10-5　器件图案

单击【下一步】按钮，进入如图 10-6 所示的对话框，设置好焊盘的孔径和外径大小。焊盘的孔径依据引脚粗细来确定，在本例中，引脚粗细为 0.5mm，则焊盘的孔径应比实际引脚要大，一般大 0.2～0.3mm，故设置孔径为 0.8mm。而焊盘的外径可适当把握，一般设置为孔径的两倍左右大小比较合适，可设置为圆形和椭圆形。本例中，焊盘外径的 X 值设置为 2.5mm，Y 值设置为 1.2mm，即焊盘为椭圆形。

单击【下一步】按钮，进入如图 10-7 所示的对话框，设置好焊盘间距。两个相邻引脚中心间距为 2.5mm，两列引脚中心间距为 15.5mm。

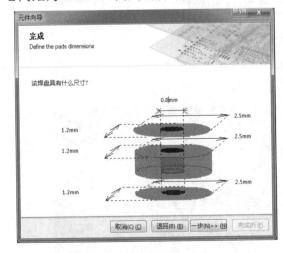

图 10-6　设置焊盘尺寸

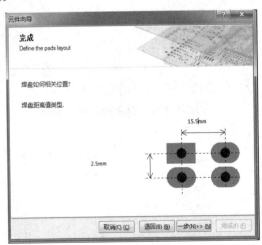

图 10-7　设置焊盘间距

单击【下一步】按钮，进入如图 10-8 所示的对话框，设置封装轮廓线的宽度。此参数不重要，一般不需要修改，默认即可。

单击【下一步】按钮，进入如图 10-9 所示的对话框，设置好焊盘数目即可。本例中，数码管的引脚数目为 10，故将焊盘数目设置为 10。

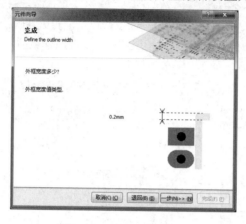

图 10-8　设置轮廓线宽度

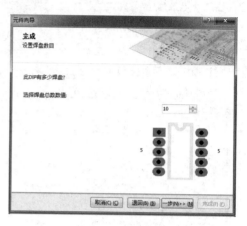

图 10-9　设置焊盘数目

单击【下一步】按钮，进入如图 10-10 所示的对话框，设置此封装的名称为：DIP10。

图 10-10　设置封装名称

单击【下一步】按钮，进入如图 10-11 所示对话框，单击【完成】按钮，即可最后生成所需要的元件封装，如图 10-12 所示。

图 10-11　封装完成

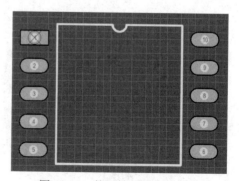

图 10-12　数码管封装生成效果

根据数码管实物的情况，其轮廓大小范围包含了引脚，故可以对生成封装的轮廓做适当的调整，但注意不能改动焊盘的相对位置。调整后的效果如图 10-13 所示。

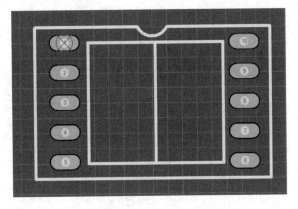

图 10-13　调整外形轮廓后的效果

10.3.3　使用手工法创建数码管的封装

手工制作封装的方法比较灵活，此法可制作任何引脚排列规则的、不规则的，引脚间距均等的、不均等的元件封装。在放置完全部焊盘后，将第 1 号焊盘设置为参考点，再采用坐标定位的方法来定位其余每个焊盘的相对位置。其操作步骤如下所述。

（1）选择菜单栏中的【工具】→【器件库选项】命令，操作如图 10-14 所示。打开【板选项】对话框，如图 10-15 所示，将"度量单位"设置为公制单位：Metric。

图 10-14　选择【器件库选项】命令

图 10-15　板选项设置

（2）设置并放置焊盘。

单击工具条中的"焊盘"图标，按键盘上的 Tab 键，弹出如图 10-16 所示的焊盘参数设置对话框，将"标识"设置为"1"，并根据测量所得元件参数，正确设置第 1 号焊盘的参数：孔径尺寸为 0.8mm，外径尺寸为 X=2.5mm，Y=1.2mm，外形为圆形 Round。

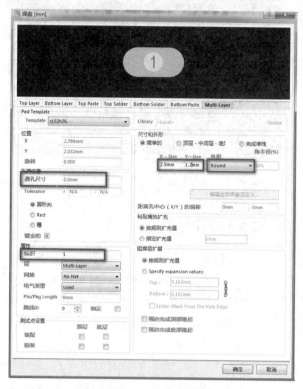

图 10-16　设置焊盘参数

从第 1 号焊盘开始，逐个放置 10 个焊盘（位置随意），效果如图 10-17 所示。

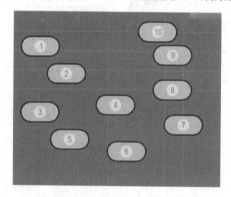

图 10-17　放置焊盘

（3）将焊盘 1 设置为参考点，即坐标原点（操作如图 10-18 所示），其坐标为（0，0），再根据焊盘间距，用坐标定位法确定其余 9 个焊盘的相对位置。比如，将焊盘 2 放在焊盘 1 下面，则其坐标定位情况如图 10-19 所示。全部焊盘定位完毕后，效果如图 10-20 所示。

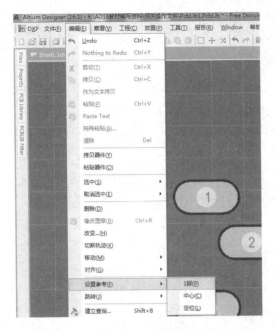

图 10-18　设置参考点

图 10-19　定位焊盘 2 的坐标

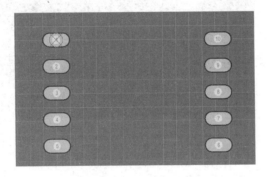

图 10-20　焊盘放置完毕

（4）绘制外形轮廓。

元件封装的外形轮廓不仅使元件看起来与实物更加接近、更形象，还能起到在印制电路板上占位的作用，要根据元件实物的外形情况确定其形状及大小。

数码管绘制完毕后的效果如图 10-21 所示。

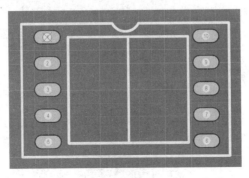

图 10-21　数码管封装绘制效果

思考与练习

（1）利用向导法制作如图 10-22 所示的元件封装，其参数如下：焊盘尺寸为 60mil，孔径为 30mil，相邻两个焊盘间距为 100mil，两列焊盘间距为 300mil。

（2）利用手工法制作如图 10-23 所示的元件封装，其参数如下：焊盘尺寸为 60mil，孔径为 30mil，相邻两个焊盘间距为 100mil。

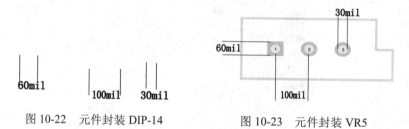

图 10-22　元件封装 DIP-14　　　　图 10-23　元件封装 VR5

（3）利用手工法制作如图 10-24 所示的元件封装。

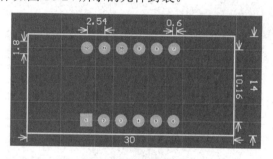

图 10-24　元件封装 LN3461

（4）利用手工法制作如图 10-25 所示的元件封装。

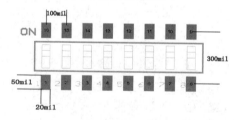

图 10-25　元件封装 DIP_SW_8WAY

教学微视频

扫一扫

第十一章

保险柜防盗电路设计实例

本章要点

（1）原理图绘制。
（2）元器件封装绘制。
（3）PCB 布局及布线。

教学目标

掌握从绘制电路原理图到编译、设计 PCB 的完整电路设计流程。

11.1 从 Schematic 到 PCB 的设计流程

为了掌握 PCB 设计流程，本章将以"保险柜防盗电路"为例，讲解如何从绘制电路原理图到编译，再到设计电路板的整个流程。

保险柜防盗电路由电源电路、撬动检测电路、搬动检测电路、火焰切割检测电路、三或门电路、声音报警电路组成，当保险柜受到撬动、搬动或火焰切割时，IC3 的 C 或门"10"脚输出高电平，使三极管 VT2 导通，继电器 JK1 吸合，报警器 BL1 通电后发出报警信号（本地报警）；而三极管 VT3 的基极由于继电器 JK1 的吸合而成高电平（继电器 JK1 未吸合时，三极管 VT3 基极为低电平），VT3 导通，JK2 吸合，报警器 BL2 通电后发出报警信号（远程报警）。保险柜防盗电路原理图如图 11-1 所示。

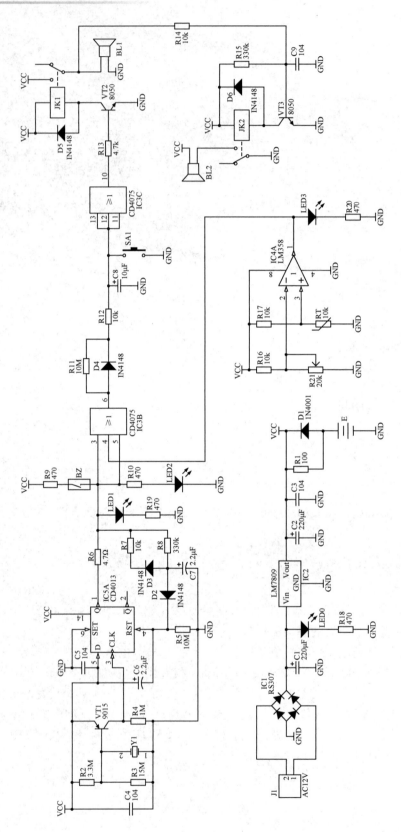

图11-1 保险柜防盗电路原理图

11.1.1　创建工程文件

（1）选择菜单栏中的【文件】→【New（新建）】→【Project（工程）】命令，弹出【New Project（新建工程）】对话框，建立一个新的 PCB 项目。

默认选择"PCB Project"选项及"Default（默认）"选项，在"Name（名称）"文本框中输入文件名称"保险柜防盗电路"，在"Location（路径）"文本框中选择文件路径。在该对话框中显示工程文件类型，如图 11-2 所示。

完成设置后，单击 OK 按钮，关闭该对话框，打开"Project（工程）"面板。在面板中出现了新建的工程文件。

图 11-2　【New Project（新建工程）】对话框

（2）选择菜单栏中的【文件】→【New（新建）】→【原理图】命令，新建一个原理图文件。新建的原理图文件会自动添加到"保险柜防盗电路"项目中，如图 11-3 所示。

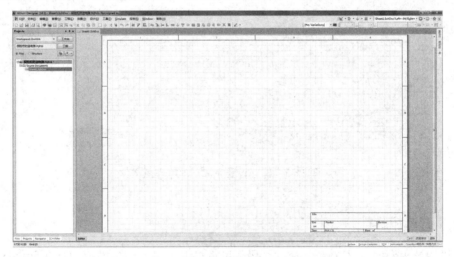

图 11-3　工程中增加原理图文件

（3）选择菜单栏中的【设计】→【文档选项】命令，弹出【文档选项】对话框，如图 11-4 所示。

图 11-4　【文档选项】对话框

（4）本图例为方便观看电路，取消了可见栅格，但在实际操作中不建议取消，可见栅格可给连线带来便利。取消勾选文档选项"栅格"中"可见的"复选框，完成设置后单击 确定 按钮，完成设置。

（5）单击 按钮，保存原理图文件，命名为"保险柜防盗电路"，原理图文件保存在该工程目录下，如图 11-5 所示。

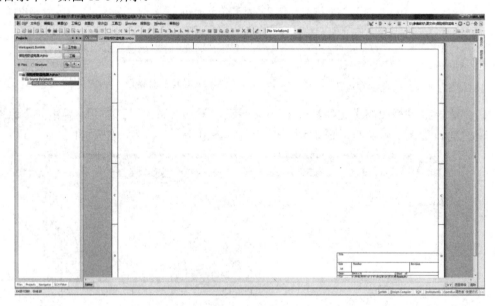

图 11-5　保存设置完成后的原理图文件

11.1.2　加载元件

如果知道用到的元件在哪个库中，那么可直接在右侧"库"面板中找到元件库，选择元件；如果事先不知道准确的库，那么可利用"查找"命令，输入元件名称，在系统元件库中搜索元件库。

（1）加载元件库。

打开右侧的"库"面板，单击左上角的 Libraries... 按钮，弹出【可用库】对话框，选择"工程"选项卡，单击 添加库(A) (A)... 按钮，选择所需的库：常用电气元件杂项库（Miscellaneous Devices.IntLib）、常用接插件杂项库（Miscellaneous Connectors.IntLib），单击 打开(O) 按钮，加载所选的库，如图 11-6 所示。

图 11-6 【可用库】对话框

（2）由于芯片 CD4013 无法确定元件库，因此单击 Search... 按钮，弹出【搜索库】对话框，输入关键字，如图 11-7 所示。

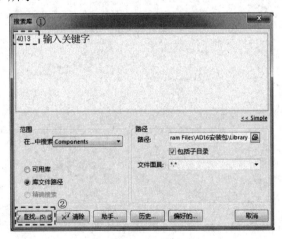

图 11-7 【搜索库】对话框

（3）单击 查找...(S) (S 按钮，在"库"面板中就会显示出查询的元件，显示查询结果，如图 11-8 所示。

（4）选中"CD4013BCSJ"，单击 Place CD4013BCSJ 按钮，弹出【Confirm（确认）】对话框，确认加载元件所在元件库，如图 11-9 所示。单击【是】按钮，在原理图中放置芯片。

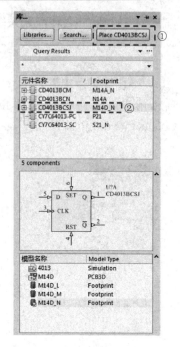

图 11-8　查询结束的"库"面板　　　　　　图 11-9　【Confirm】对话框

（5）在原理图中显示浮动的芯片，按 Tab 键，弹出元件属性对话框，在"Designator（标识符）"文本框中输入"IC5"，在"Comment（内容）"文本框中输入"CD4013"，如图 11-10 所示。

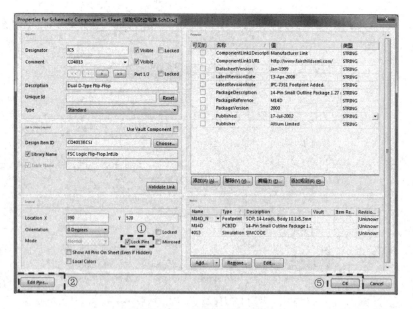

图 11-10　元件属性对话框

（6）在元件属性对话框中，取消勾选 ☑Lock Pins（锁定引脚）复选框，单击 Edit Pins... 按钮，显示"元件引脚编辑器"。参照保险柜防盗电路原理图，IC5 芯片 4013 的引脚 14 可见，因此将"展示"栏 14 引脚处的复选项勾选，如图 11-11 所示。

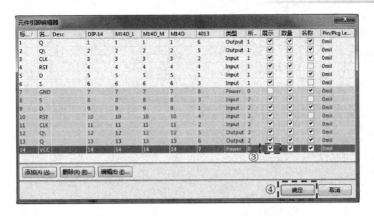

图 11-11　【元件引脚编辑器】对话框

（7）单击 <kbd>确定</kbd> 按钮，在原理图上出现 IC5 芯片 CD4013，如图 11-12 所示。

（8）按照电路原理图编辑拖动元件引脚到合适位置，如图 11-13 所示。

图 11-12　放置芯片 CD4013　　　　图 11-13　编辑引脚后的芯片 CD4013

注意：拖动元件引脚时按下空格键可旋转引脚，但十字光标一定要朝外，否则电气连接不上，读者要切记！编辑元件引脚后，勾选 ☑ Lock Pins（锁定引脚）复选框，重新将引脚锁定。

（9）使用同样的方法搜索芯片 LM358、芯片 CD4075，加载到原理图上。

11.1.3　输入原理图

Altium Designer 16 采用了集成的库管理方式。在元件列表下方还有 3 个小窗口，从上到下依次是元件的原理图图形，元件集成库中所包含的内容（封装、电路模型等），元件的 PCB 板封装图形。如果该元件有预览，那么在最下面还会出现元件的预览窗口。在右侧"库"面板中，选择"Miscellaneous Devices.IntLib"为当前库，库名下的过滤器中默认通配符为"*"，下面列表中列出了该库中的所有元件。在"*"后面输入元件关键词，可以快速定位元件。在列表中选择元件。

1. 放置电阻

（1）选择"Miscellaneous Devices.IntLib"为当前库，在"库"面板中，在过滤器中输入"Res2"，选择元件列表中的"Res2"，单击 <kbd>Place Res2</kbd> 按钮后转到元件摆放状态，光标呈十字状，光标上"悬浮"着一个电阻轮廓。按 Tab 键，设置属性。

（2）在"Designator（标识符）"文本框中输入"R1"作为第一个电阻元件序号。确认封装正确。在"Comment（内容）"下拉列表框右侧，取消选中 Visible 复选框，并使其不可视。

（3）单击"Parameters（参数）"选项中的"Value（值）"栏的 Value 值，直接输入"100"，如图 11-14 所示。单击 <kbd>OK</kbd> 按钮，回到放置模式，按空格键可以选中器件，将 R1 移动到合适的位置后单击左键放下器件。

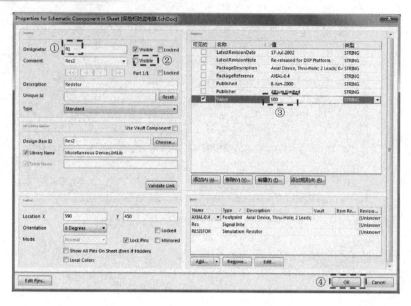

图 11-14　电阻元件属性设置

（4）用同样方法摆放其余电阻，注意修改电阻阻值。

放置电容、晶体二极管、晶体三极管、晶振、发光二极管、热敏电阻、继电器、整流桥堆、开关、扬声器、IC2 LM7809 芯片、电源等元件的方法和放置电阻的方法相同，其中 Header 2 在常用接插件杂项库 Miscellaneous Connectors.IntLib 中可以找到，具体操作过程这里不再赘述，结果如图 11-15 所示。

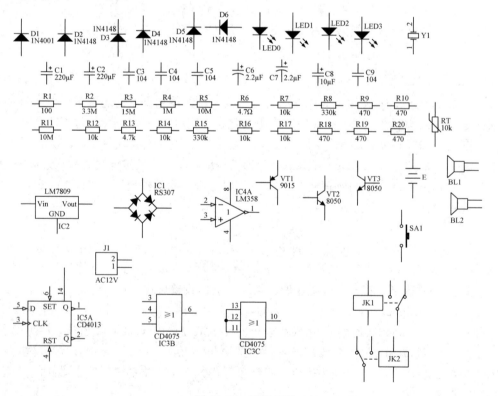

图 11-15　放置元件

2. 编辑库文件

由于电位器 RP 和水银开关 BZ 在系统中找不到其元件库，需要对该元件进行编辑。

（1）选择菜单栏中的【文件】→【New（新建）】→【库】→【原理图库】命令，新建库文件，如图 11-16 所示。

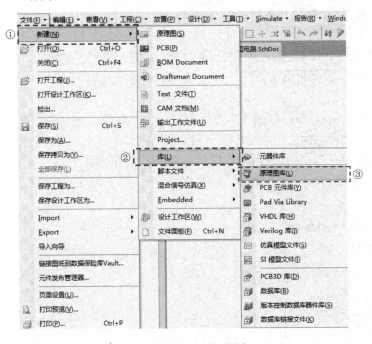

图 11-16　新建原理图库

（2）选择菜单栏中的【文件】→【保存为】命令，保存新建库文件到目录文件夹下，命名为"电位器.SchLib"，如图 11-17 所示。

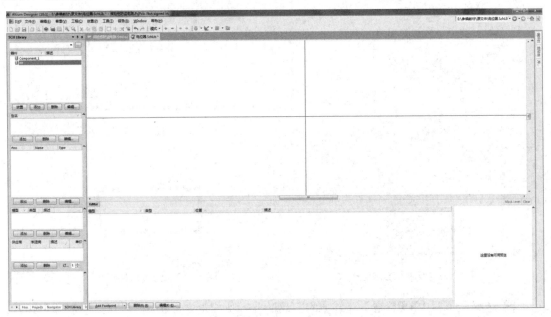

图 11-17　保存原理图库文件

（3）在左侧"SCH Library（SCH 库）"面板的"器件"栏中单击【添加】按钮，打开【New Component Name（新元件命名）】对话框，在该对话框中将元件重命名为 RP，如图 11-18 所示。然后单击 确定 按钮退出对话框，在图 11-19 所示的"SCH Library（SCH 库）"面板中显示新添加的元件。

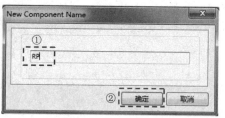

图 11-18　新元件命名图

（4）绘制原理图符号。

① 选择菜单栏中的【放置】→【矩形】命令，这时光标变成十字形状，在图纸上绘制一个矩形，如图 11-20 所示。

② 双击所绘制的弧线，打开【长方形】对话框。在该对话框中，设置所画矩形的参数，包括矩形的右上角点坐标（10，4）、左下角点坐标（-10，-4）、板的宽度 Small、填充色和板的颜色，如图 11-21 所示。矩形修改结果如图 11-22 所示。

图 11-19　【SCH Library】工作面板

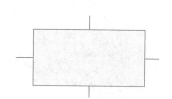

图 11-20　绘制矩形

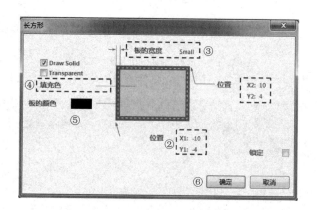

图 11-21　【长方形】对话框

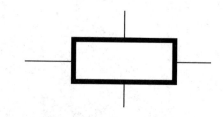

图 11-22　修改后的矩形

③ 选择菜单栏中的【放置】→【线】命令，这时光标变成十字形状，按下 Tab 键，弹出【PolyLine（多线段）】对话框，如图 11-23 所示。在图纸上绘制一条如图 11-24 所示的带箭头竖线。

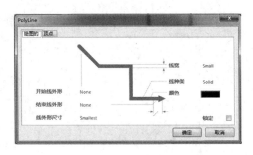

图 11-23　设置线属性

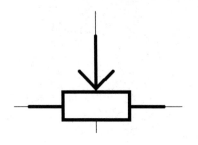

图 11-24　绘制直线

（5）绘制引脚。

选择菜单栏中的【放置】→【引脚】命令，按下 Tab 键，出现【引脚属性】对话框，如图 11-25 所示，编辑引脚属性，绘制的引脚如图 11-26 所示。

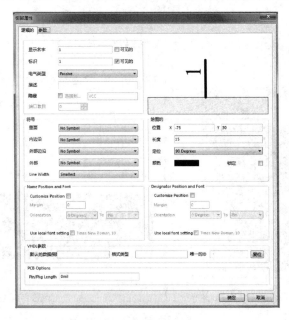

图 11-25　设置引脚属性

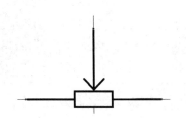

图 11-26　绘制直线和引脚

注意：绘制引脚时十字光标应朝外。

（6）添加封装。

单击绘图区下方 模型／类型／描述 VR5 Footprint Thru-Hole; 3 Leads 选项中的 添加 按钮，系统将弹出如图 11-27 所示的【添加新模型】对话框，单击 确定 按钮，弹出【PCB 模型】对话框，如图 11-28 所示。单击 浏览(B) (B)... 按钮，在弹出的"浏览库"对话框中选择封装 VR5，如图 11-29 所示，单击 确定 按钮，添加完成后的【PCB 模型】对话框如图 11-30 所示。

（7）保存。选择【文件】→【保存】命令，电位器元件就创建完成了，如图 11-31 所示。水银开关元件可按照上述步骤创建，这里不再赘述。

按照电路要求进行布局，完成元件放置后的原理图如图 11-32 所示。

3. 连接线路及放置电源符号

单击【放置】工具栏中的 ≈（放置线）按钮，放置导线，完成连线操作；单击【放置】工具栏中的 Vcc（VCC 电源符号）按钮，放置电源。完成后的电路原理图如图 11-33 所示。

图 11-27 【添加新模型】对话框

图 11-28 【PCB 模型】对话框

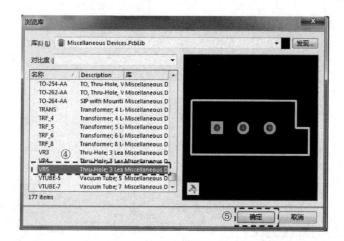

图 11-29 【浏览库】对话框

图 11-30 添加完成后的【PCB 模型】对话框

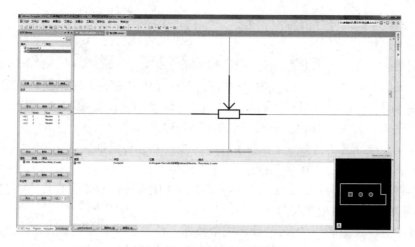

图 11-31 绘制完成的电位器

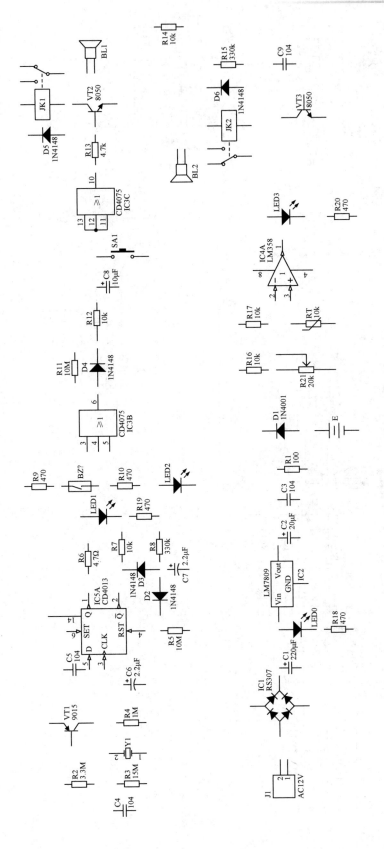

图11-32　放置元件后的原理图

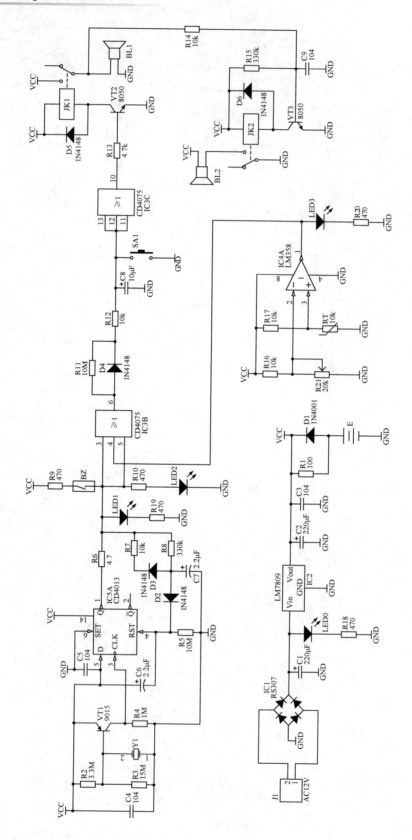

图11-33　绘制完成的电路原理图

11.2 编译工程及查错

编译工程之前需要对系统进行编译设置。编译时，系统将根据用户的设置检查整个工程。编译结束后，系统会提供网络构成、原理图层次、设计错误类型等报告信息。

1. 编译参数设置

（1）选择菜单栏中的【工程】→【工程参数】命令，弹出工程属性对话框，如图 11-34所示。在"Error Reporting（错误报告）"选项卡的"障碍类型描述"列表框中列出了网络构成、原理图层次、设计错误类型等报告错误。错误报告类型有无报告、警告、错误、致命错误 4 种。

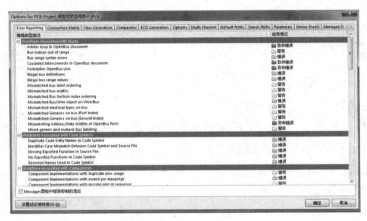

图 11-34 "Error Reporting"选项卡

（2）选择"Connection Matrix（电气连接矩阵）"选项卡，如图 11-35 所示。矩阵的上部和右边所对应的元件引脚或端口等交叉点为元素，元素所对应的颜色表示连接错误类型。绿色表示无报告，黄色表示警告，橙色表示错误，红色表示致命错误。光标移动到这些颜色元素中时，将变成小手形状，连续单击该元素，可以设置错误报告类型。

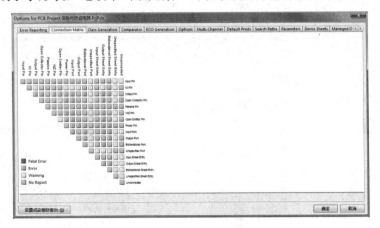

图 11-35 "Connection Matrix"选项卡

（3）选择"Comparator（比较器）"选项卡，如图 11-36 所示。在"比较类型描述"列表框中设置元件连接、网络连接和参数连接的比较类型。比较类型有 Ignore Differences（忽略差别）和 Find Differences（发现差别）两种。本例选用默认参数。

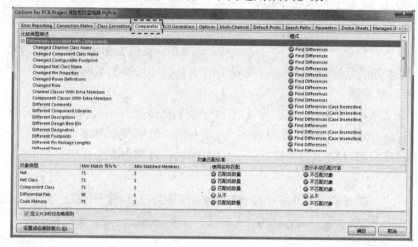

图 11-36 "Comparator"选项卡

2. 完成编译标签

选择菜单栏中的【工程】→【设计工作区】→【编译所有的工程】命令，在弹出的菜单中选择"Navigator（导航）"，如图 11-37 所示。

在上半部分的 Documents for 保险柜防盗电路.PrjPcb 中选择一个文件，然后单击右键，在弹出的菜单中选择【全部编译】命令，可以对工程进行编译，并弹出如图 11-38 所示的"Messages（信息）"提示面板。然后在具体的错误提示上单击，将会在下方显示详细错误提示信息。

图 11-37 Navigator 面板

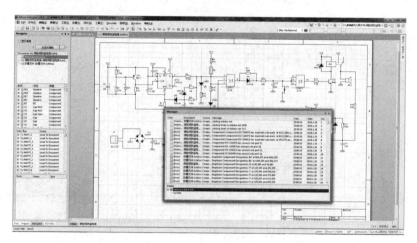

图 11-38 工程编译信息提示对话框

查看错误报告后，根据错误报告信息进行原理图的修改，然后重新编译，直到正确为止。

11.3　设计电路板

11.3.1　创建 PCB 文件

（1）在"Files（文件）"面板中的"从模板新建文件"栏中，单击【PCB Board Wizard（印制电路板向导）】按钮，弹出【PCB 板向导】对话框，单击──步(N)>> (N)按钮，进入单位选取步骤，选择"英制的"单位模式，如图 11-39 所示。然后单击──步(N)>> (N)按钮，进入电路板类型选择步骤，选择自定义电路板，即 Custom 类型，如图 11-40 所示。

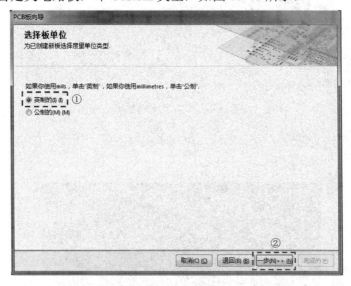

图 11-39　选择单位

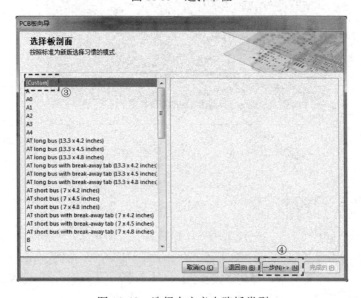

图 11-40　选择自定义电路板类型

（2）单击 ![一步(N)>> (N)] 按钮，进入下一步骤，对电路板的一些详细参数进行设置，如图 11-41 所示。

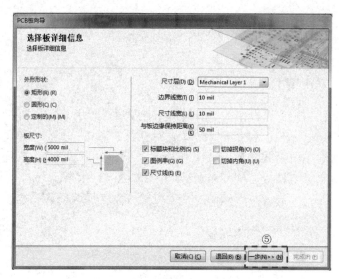

图 11-41　设置电路板参数

（3）单击 ![一步(N)>> (N)] 按钮，接下来的几步均采用系统默认设置，最后单击 ![完成(F) (F)] 按钮，得到如图 11-42 所示的 PCB 板。

图 11-42　创建完成的 PCB 板

11.3.2　编辑元件封装

虽然前面已经为制作的元件指定了 PCB 封装样式，但对于一些特殊的元件，还可以自定义封装形式，这会给设计带来更大的灵活性。下面以 CD4075 为例制作 PCB 封装形式。

（1）选择菜单栏中的【文件】→【新建】→【库】→【PCB 元件库】命令，如图 11-43 所示。建立一个新的封装文件，命名为 "CD4075.PcbLib"。

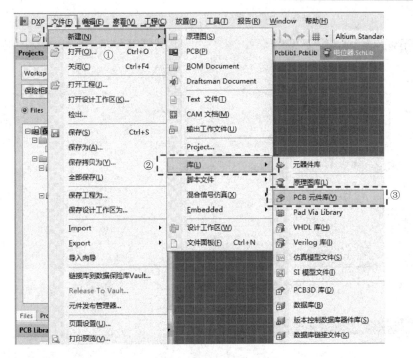

图 11-43　新建 PCB 元件库

（2）选择菜单栏中的【工具】→【元器件向导】命令，系统将弹出如图 11-44 所示的【Component Wizard（器件向导）】对话框。

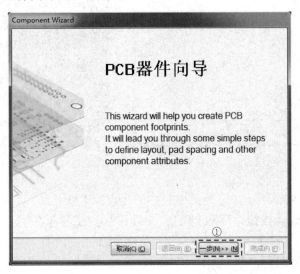

图 11-44　【Component Wizard（器件向导）】对话框

（3）单击 一步(N)>> (N) 按钮，在弹出的选择封装类型界面中选择用户需要的封装类型，如 BGA 或 Capacitors 封装。本例采用 DIP 封装，如图 11-45 所示。然后单击 一步(N)>> (N) 按钮。接下来的几步均采用系统默认设置。

（4）在系统弹出的如图 11-46 所示的对话框中，设置引脚总数为 14。单击 一步(N)>> (N) 按钮，在命名封装界面中为元件命名，如图 11-47 所示。最后单击 完成(F)(F) 按钮，完成 CD4075 封装形式的设计。结果将显示在布局区域，如图 11-48 所示。

图 11-45　选择封装类型界面

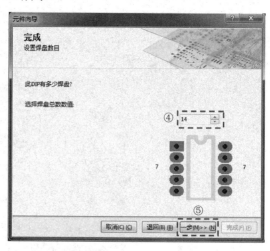

图 11-46　设置引脚数

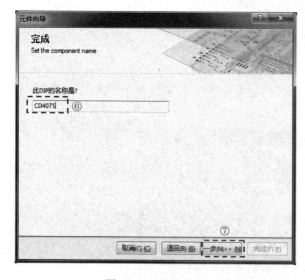

图 11-47　命名封装界面

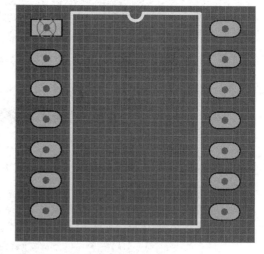

图 11-48　设计完成的元件封装

（5）返回 PCB 编辑环境，选择菜单栏中的【设计】→【添加/移除库】命令，在弹出的对话框中单击 添加库(A) (A)... 按钮，将设计的库文件添加到工程库中，如图 11-49 所示。单击 关闭(C) (C) 按钮，关闭该对话框。

（6）返回原理图编辑环境，双击 CD4075 元件，系统将弹出【Properties for Schematic Component in Sheet（原理图元件属性）】对话框。在该对话框右下方的编辑区域，选择属性 Footprint，按步骤把绘制的 CD4075 封装形式导入。其步骤与连接系统自带的封装形式的导入步骤相同，具体可参见前面内容，在此不再赘述。

提示： 对于一些特殊的元件，用户除可采用"元器件向导"设计外，还可参照实物手工绘制，但切记应将设计的元件封装加载至工程文件库中。

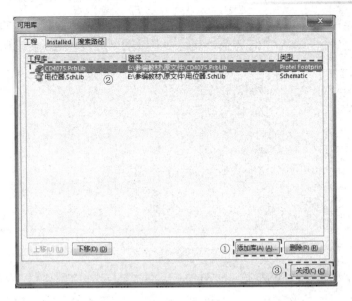

图 11-49 将设计的库文件添加到工程库中

11.3.3 资料转移

完成封装设计后，即可将电路图数据转移到电路板编辑区域中。

（1）单击编辑区下方板的"KeepOutLayer（禁止布线层）"选项，将电路图数据转移到电路编辑区域中。

（2）选择菜单栏中的【设计】→【Import Changes Form 保险柜防盗电路.PrjPcb】命令，弹出如图 11-50 所示的【工程更改顺序】对话框。

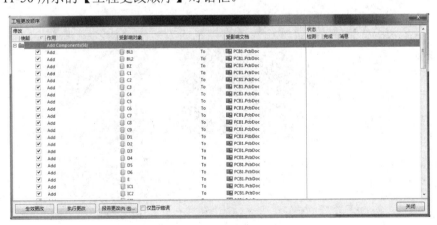

图 11-50 【工程更改顺序】对话框

（3）单击 生效更改 按钮，验证一下更新方案是否有错误，程序将验证结果显示在对话框中，如图 11-51 所示。

（4）在图 11-51 中，没有错误产生，单击 执行更改 按钮，执行更改操作，更改结果如图 11-52 所示。最后单击 关闭(C)(C) 按钮，关闭该对话框。加载元件到电路板后的原理图如图 11-53 所示。

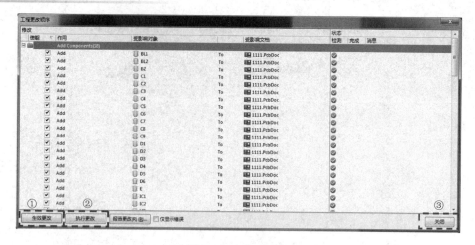

图 11-51　验证结果

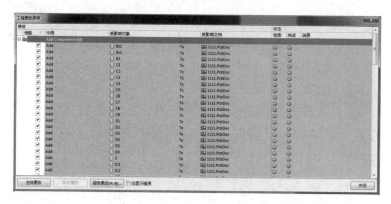

图 11-52　更改结果

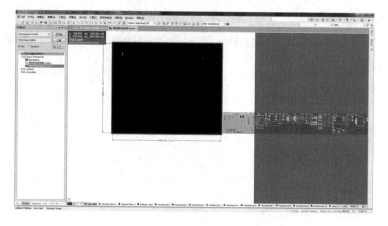

图 11-53　加载元件到电路板

11.3.4　元件布局及布线

元件封装和网络表导入后，下一步的工作就是 PCB 的元件布局和布线。这两步工作都可以采用自动和手工相结合的方式来进行。

（1）在图 11-53 中，按住鼠标左键拖动元件至板框区域中。单击元件为选中，如果再按

Delete 键，就可以将它们删除。

（2）首先采用系统自动布局，然后再手工调整元件布局。手动布局的原则是将中心处理元件放在中间；外围电路元件就近放置；接插器件放置在电路板边框附近；发热量高的元件远离半导体元器件；晶振电路尽可能靠近单片机电路；继电器等容易产生干扰信号的元件应远离单片机电路；同类型的元器件尽量摆放在一起等。本例采用自动布局和手动布局相结合的方式，布局完成后的 PCB 文件如图 11-54 所示。

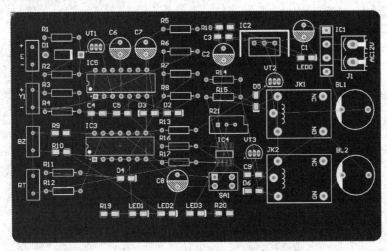

图 11-54　布局完成的 PCB 文件

（3）在布线之前，应设置布线规则，具体操作请参考前面章节中设置 PCB 自动布线的规则。

① 布线规则设置完成后，选择【自动布线】→【全部】命令，系统将弹出如图 11-55 所示的【Situs 布线策略（布线位置策略）】对话框。

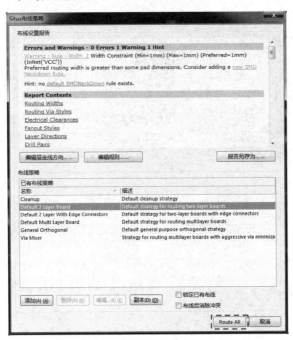

图 11-55　【Situs 布线策略】对话框

② 单击 Route All 按钮，进行全局性的自动布线。只需要很短的时间就可以完成布线，关闭 "Messages（信息）" 面板，得到布线完成后的 PCB 文件如图 11-56 所示。单击工具栏中的 ■（保存）按钮，保存文件。

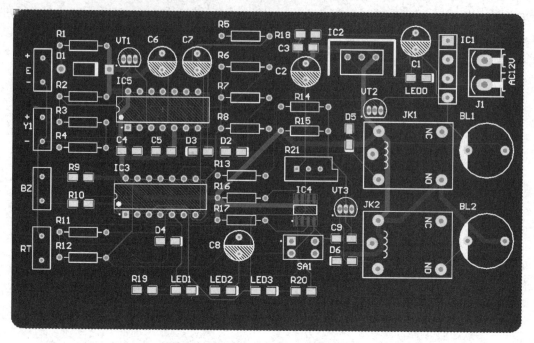

图 11-56 完成布线的 PCB

扫一扫

第十二章

USB桌面音响电路设计实例

本章要点

（1）建立工程设计项目的工作环境。

（2）分层次绘制原理图。

（3）生成PCB进行合理布局、布线。

（4）设计工程信息的输出。

教学目标

（1）了解从原理图到PCB的一般过程。

（2）初步掌握基本的工程理念。

（3）初步掌握PCB的设计过程。

随着科技的发展，计算机、智能手机等电子产品已经深入到我们的日常生活中，音响作为计算机、手机等电子产品的外设声音输出设备也被人们广泛使用，其中 USB 桌面音响因其体积小、驱动电源易获等多方面的优点被很多人使用，图12-1所示为 USB 桌面音响实物图。本章以 USB 桌面音响为例，按实际工作流程来学习印制电路板的制作。

一套完整的 USB 桌面音响应包含左右声道，有时在两个声道的输出喇叭前端还分别有信号处理的电路板，另外也可能有其他的一些辅助电路板。在如图12-1所示的桌面音响中，左

图12-1 USB 桌面音响

右声道的音箱中分别有四块不同功能的印制电路板，包括主音箱电路板、副音箱电路板以及两块相同指示灯印制电路板，如图12-2所示。为方便理解电路原理图并制作不同的电路板，下面采用分层原理图来进行原理图的绘制，然后由各自的电路图分别生成不同的印制电路板。

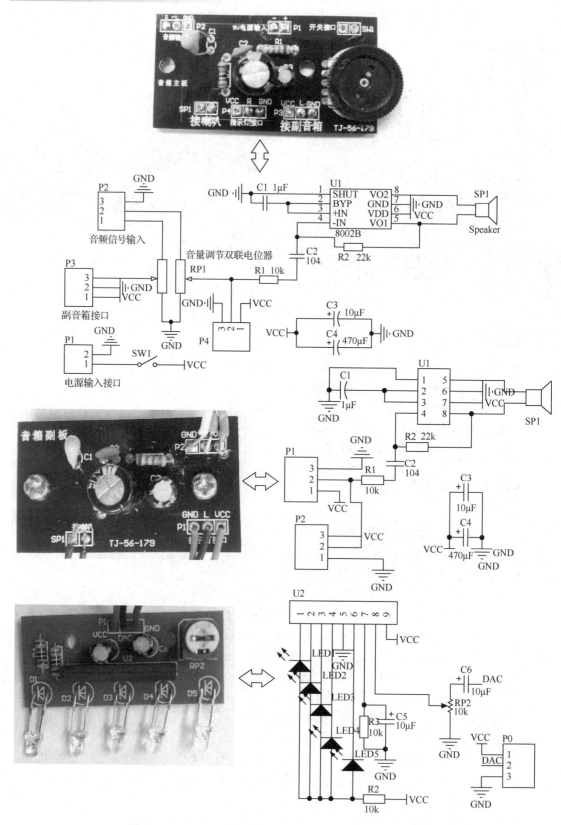

图 12-2　USB 桌面音响内部的印制电路板及其电路原理图

在实际工作过程中，从设计的产生到最终生成印制电路板需要经过一系列的步骤才能实现，如图 12-3 所示。

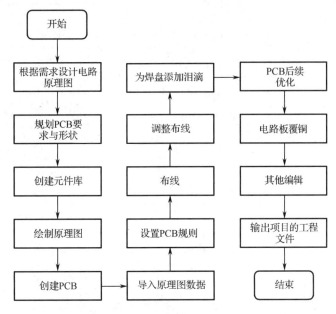

图 12-3　印制电路板设计工作过程

接手任务后要先根据需求设计电路的原理图，再根据产品尺寸要求来制作印制电路板，最后生成各种设计文件。接下来就从这几个方面来学习 USB 桌面音响的印制电路板制作。

12.1　建立工程设计项目的工作环境

在新的工程项目设计开始时，需要进行一些简单的工作环境设置，如建立项目、设置图纸参数等。

12.1.1　新建项目

（1）选择菜单栏中的【文件】→【New（新建）】→【Project（工程）】命令，弹出【New Project（新建工程）】对话框，建立一个新的 PCB 项目。

（2）在对话框中的"Project Types（项目类型）"中选择"PCB Project（PCB 项目）"，在"Project Templates（项目模板）"中选择"Default"选项；在"Name"文本框中输入文件名称"USB 桌面音响"；在"Location（路径）"中选择项目所要存放的路径，如图 12-4 所示。

（3）完成新建项目设置后，单击【确定】按钮，关闭【New Project（新建工程）】对话框。选择菜单栏中的【视图】→【Workspace Panels】→【Projects】命令，打开"Projects"面板，在面板中出现刚刚建立的项目文件。

（4）选择菜单栏中的【文件】→【新建】→【原理图】命令，为工程项目添加一个原理图文件。然后选择【文件】→【保存为】命令，将原理图以"USB 桌面音响电路原理图"为名保存到项目文件的路径下，如图 12-5 所示。

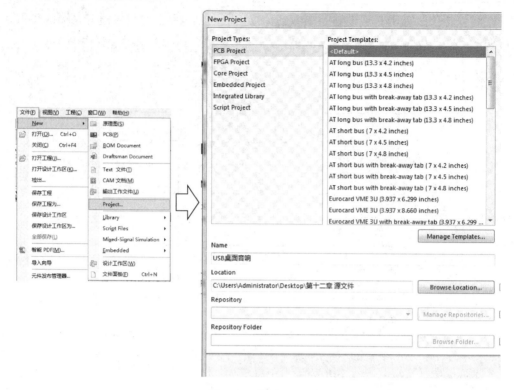

图 12-4　新建项目

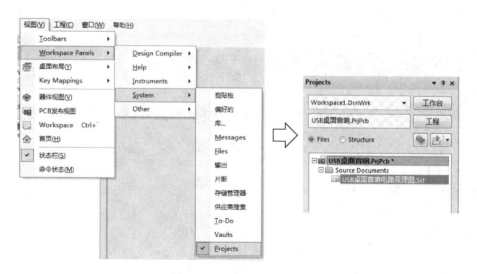

图 12-5　添加原理图文件

12.1.2　图纸参数设置

选择【设计】→【文档选项】命令，弹出【文档选项】对话框，在对话框中设置工作环境，选择"方块电路选项"选项卡，将"栅格"的"捕捉"改为 5，然后按【确定】按钮完成设置，如图 12-6 所示。

图 12-6 图纸参数设置

12.2 绘制原理图

采用分层原理图的方法来完成三个原理图纸的绘制。由于本例采用的部分元器件在软件自带的元件库里面没有,所以需要建立原理图库来自行绘制元件。

12.2.1 建立原理图库

USB 桌面音响电路中有 3 个元件（双联电位器、KA2284、SC2008B）在元件库里面搜索不到,需要自行绘制。

（1）选择菜单栏中的【文件】→【新建】→【库】→【原理图库】命令,为工程项目添加一个原理图文件。然后选择【文件】→【保存为】命令,将原理图库以"USB 桌面音响电路原理图库"为名保存到项目文件的路径下,如图 12-7 所示。

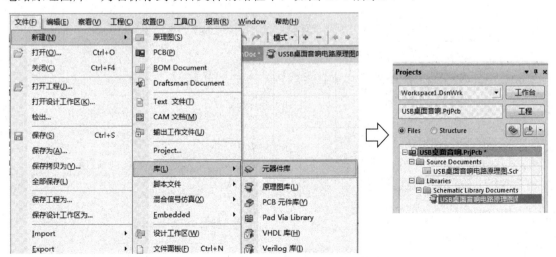

图 12-7 建立原理图库

（2）打开"SCH Library"面板，选择菜单栏中的【工具】→【重新命名元件】命令，在弹出的"Rename component"对话框中，将元件重命名为"双联电位器"，如图12-8所示。接着进入元件编辑。

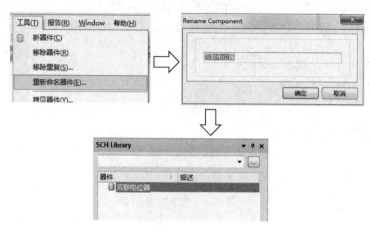

图12-8　元件重新命名

（3）选择菜单栏中的【放置】→【直线】命令，在编辑区绘制一个矩形代表电阻的形状，然后再选择【放置】→【引脚】命令，为库元件添加引脚，同时通过设置修改引脚属性，完成库元件的绘制，如图12-9所示。

（4）单击"SCH Library"面板中"器件"选项组下的"编辑"按钮，弹出库元件属性对话框，在"default designator"文本框中输入"RP？"，在"default comment"文本框中输入"双联电位器"，如图12-10所示。

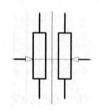

图12-9　双联电位器库元件

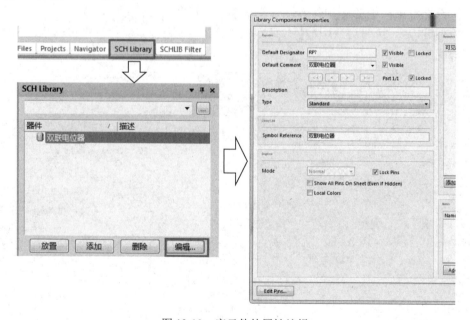

图12-10　库元件的属性编辑

（5）选择菜单栏中的【工具】→【新器件】命令，继续按照上述步骤进行库元件的建立，将双联电位器、KA2284、SC2008B 三个库元件都建立出来，如图 12-11 所示。

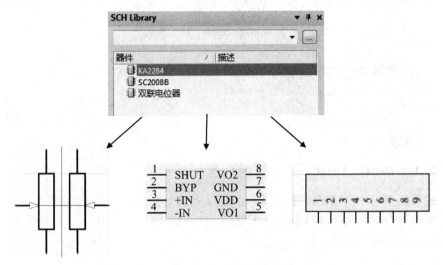

图 12-11　绘制完成库元件

（6）单击【保存】按钮，再次保存原理图库文件，完成库元件的绘制。

12.2.2　分层设计原理图

一方面为了后续生成不同的 PCB，另一方面为了让电路原理图更加清晰易懂，采用分层次的原理图设计方法。返回到原理图编辑界面，进行层次原理图的设计，以"USB 桌面音响原理图"为母图进行命名，分别制作三个子图。

（1）在原理图编辑界面中，选择菜单栏中的【放置】→【图表符】命令，在放置过程中，按 Tab 键进行图表符属性设置，如图 12-12 所示。设置完成后，单击【确定】按钮，在编辑界面中绘制图表符，如图 12-13 所示。

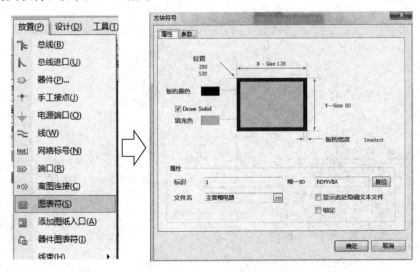

图 12-12　在母图中放置图表符

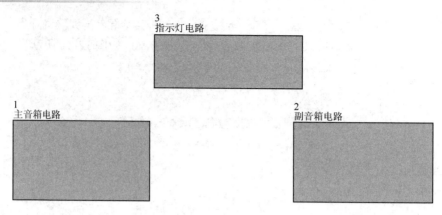

图 12-13　整体图表符

（2）选择菜单栏中的【放置】→【添加图纸入口】命令，在放置过程中，按 Tab 键进行图表入口属性设置，如图 12-14 所示。设置完成后单击【确定】按钮，在编辑界面中绘制图表符入口并完成连线，如图 12-15 所示。

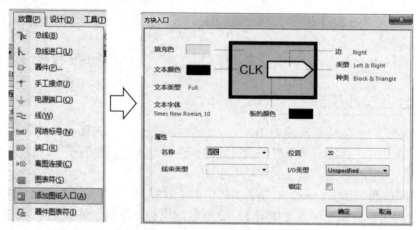

图 12-14　图表符入口属性设置

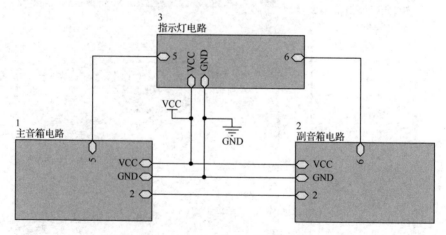

图 12-15　母电路的完整图表符

（3）由母图电路产生子图电路。选择菜单栏中的【设计】→【产生图纸】命令，这时鼠标会变成一个十字光标，移动鼠标到想要产生图纸的图表符上单击，系统会自动生成子图电路图。再选择菜单栏中的【工具】→【上/下层次】命令，将子母图分层显示，如图 12-16 所示。

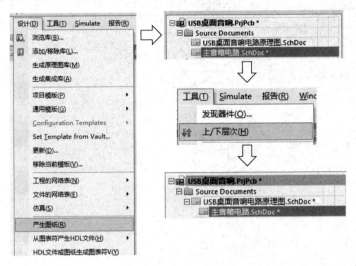

图 12-16 由母图产生子图

（4）重复使用"产生子图"命令，分别产生三幅子图，如图 12-17 所示。

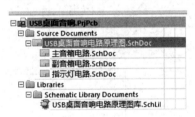

图 12-17 整体子图产生

（5）利用原理图绘制的各项命令，从元件库中查找并选择元件，将主音箱电路、副音箱电路、指示灯电路分别绘制在对应的电路原理图中，如图 12-18 所示。

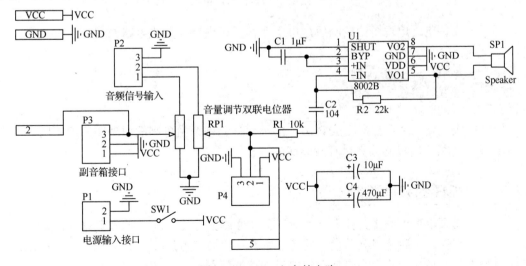

图 12-18（a） 主音箱电路

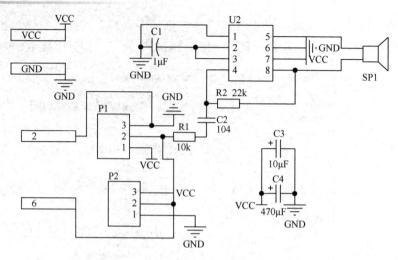

图 12-18（b） 副音箱电路

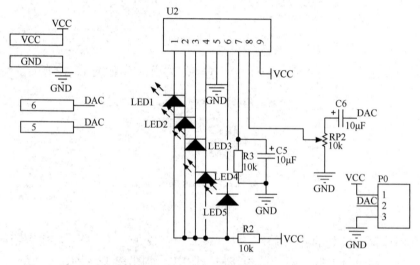

图 12-18（c） 指示灯电路

（6）完成各电路原理图的绘制后，再次保存各子电路，完成电路原理的绘制。

12.3　生成 PCB

绘制完成电路原理图后，生成 PCB。由于部分元件是由自制的原理图库绘制的，在生成 PCB 时没有封装，所以必须先进行封装库的编辑。

12.3.1　PCB 封装库绘制

（1）选择菜单栏中的【文件】→【新建】→【库】→【PCB 元件库】命令，为工程项目添加一个库文件。然后选择菜单栏中的【文件】→【保存为】命令，将 PCB 元件库以"USB 桌面音响电路元件封装库"为名保存到项目文件的路径下，如图 12-19 所示。

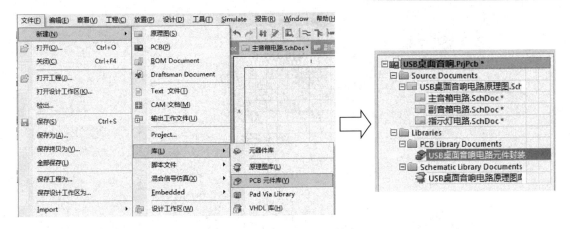

图 12-19　建立 PCB 元件库

（2）打开"PCB Library"面板，双击库面板中的元件名称，在弹出的"PCB 库元件"对话框中，将元件重命名为"双联电位器"，如图 12-20 所示。

图 12-20　新建 PCB 元件

（3）在库元件编辑区进行双联电位器的库封装制作。首先需要查阅相关资料获得所使用的双联电位器的封装尺寸。经查阅双联电位器的实物与封装尺寸如图 12-21 所示。

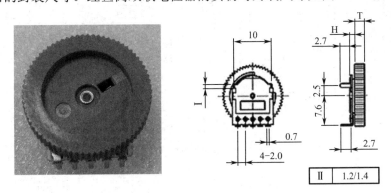

图 12-21　双联电位器的实物与封装尺寸

（4）选择放置焊盘和绘图工具等命令，根据所查阅的封装尺寸在编辑区绘制双联电位器的丝印形状及放置焊盘，相关设置可查看第十章的内容，完成库元件的绘制，如图 12-22 所示。

（5）重复（3）、（4）的操作。查阅相关资料获得所用元件的封装尺寸，如图 12-23 所示。最终完成所有库元件的制作。

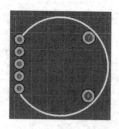

图 12-22 双联电位器库元件

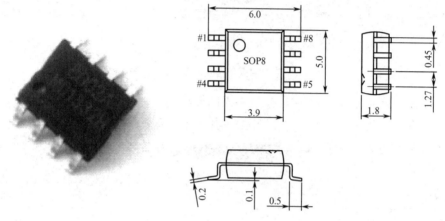

图 12-23（a） SC2008B 实物与封装尺寸

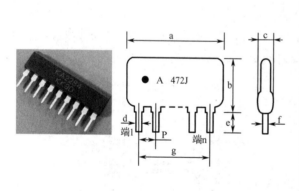

代号 Code	常规尺寸 Norrnal dimension		特殊尺寸 Special dimension	
a	2.54×（n-1）±0.50max		1.778×（n-1）±3.20max	
b	A、B、C、 D、E、F、 G、H型Type	5.08max	A、B、C、 D、E、F、 G、H型Type	5.08max
	T型Type	8.50max	T型Type	8.50max
c	3.00max		3.00max	
d	0.50±0.1		0.50±0.1	
e	3.50±0.5		3.50±0.5	
f	0.25±0.1		0.30±0.1	
g	2.54×（n-1）±0.3		1.778×（n-1）±0.3	
p	2.54±0.1		1.778±0.1	

图 12-23（b） KA2284 实物与封装尺寸

（6）单击【保存】按钮，再次保存 PCB 库文件，完成库元件的绘制。

（7）将制作好的封装库文件加装到对应的原理图库元件上，在"SCH Library"面板中单击【编辑】按钮，在弹出的【Library component】对话框中，单击【add】按钮为原理图文件添加封装，在弹出的【封装类型】的对话框中选择"footprint"类型，进入【PCB 模型】对话框，单击【浏览库】按钮打开库的浏览，选择对应的库文件，完成元件的封装模型加载，如图 12-24 所示。

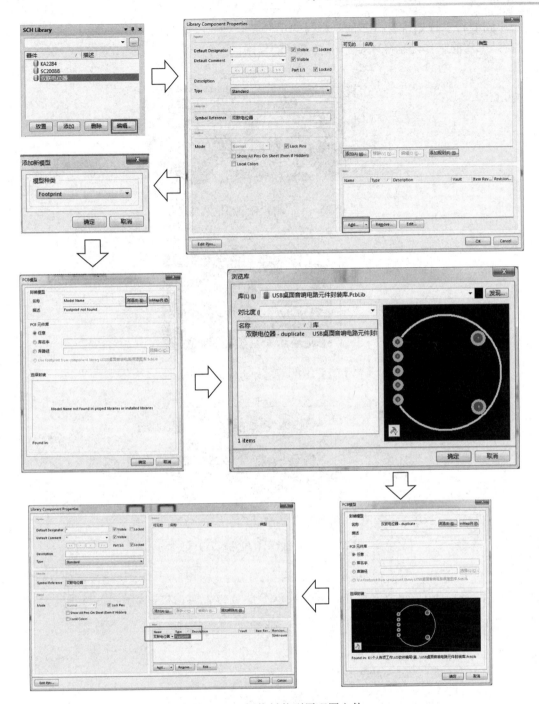

图 12-24　加载封装到原理图文件

（8）重复上一步骤，将所有自制的原理图文件都加载封装，以便于后续的 PCB 生成。

12.3.2　PCB 的创建

（1）测量 PCB 的尺寸。

USB 桌面音响印制电路板分为四块，一块为主音箱电路板，一块为副音箱电路板，还有两块相同的指示灯电路板。三种电路板的尺寸各有不同，如图 12-25 所示，应该先进行测量再进行 PCB 的制作，这样才能够符合实际的需求。

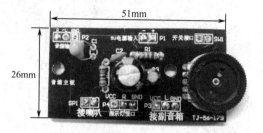

图 12-25（a） 主音箱电路板及其尺寸

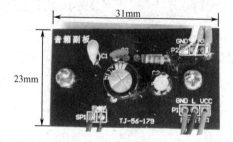

图 12-25（b） 副音箱电路板及其尺寸

图 12-25（c） 指示灯电路板及其尺寸

（2）利用 PCB 向导生成 PCB 文件。回到"Files"面板，单击"从模板新建文件"选项框中的"PCB Board Wizard"选项，弹出【PCB 板向导】对话框，如图 12-26 所示。

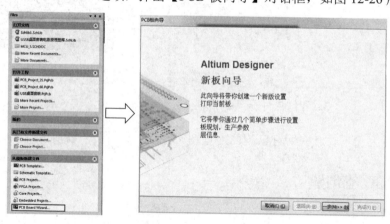

图 12-26 【PCB 板向导】对话框

（3）以"主音箱电路板"为例，在【PCB 板向导】对话框中设置电路板的尺寸、信号层、过孔大小等属性，最终创建一个符合设计要求的具有尺寸标注的 PCB 板，如图 12-27 所示。

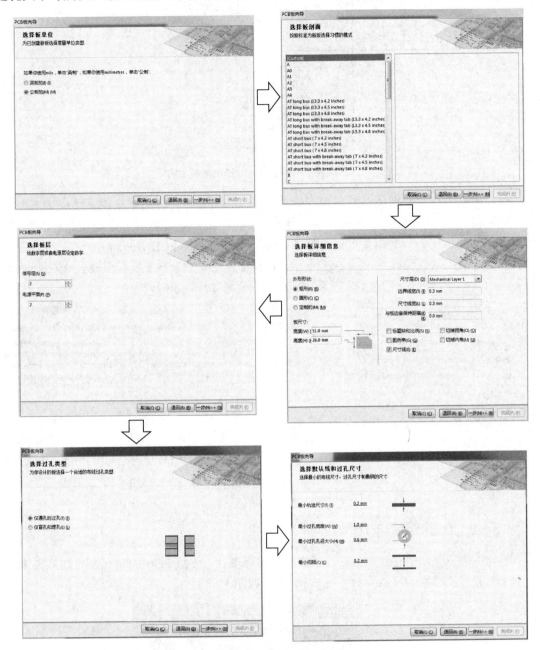

图 12-27　创建具有尺寸标注的 PCB 板

（4）生成了具有尺寸标注的印制电路板后，再选择菜单栏中的【文件】→【保存】命令，将所生成的 PCB 板保存到项目目录下，并命名为"主音箱电路板"。

（5）重复第二步至第四步的操作，使得软件按照各电路板的尺寸参数新建 PCB 印制电路板文件，并保存。新建完成的印制电路板文件，如图 12-28 所示。

图 12-28　新建完成的印制电路板文件

（6）根据各自的原理图，将原理图数据 Update（更新）到 PCB 板中，实现由原理图到实物的转换。在"Projects"面板中单击"主音箱电路.SchDoc"，打开主音箱电路板的原理图，使其处于可编辑状态。选择菜单栏中的【设计】→【Update PCB Document …】命令，弹出【工程更改顺序】对话框，如图 12-29 所示，选择【生效更改】→【执行更改】，然后单击【关闭】按钮，修改部分错误后，原理图上的元件被顺利加载到 PCB 板中。

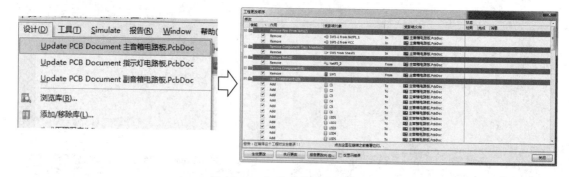

图 12-29　加载元件到 PCB 板

12.3.3　PCB 的布局与布线

将元件按照要求进行摆放，注意摆放的空间合理性。按照 PCB 的布局及布线规则流程进行元件的放置及导线的连接。最终完成的 PCB 如图 12-30 所示。

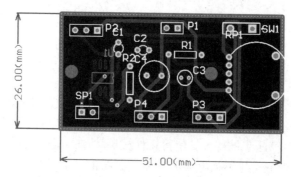

图 12-30（a）　主音箱电路板

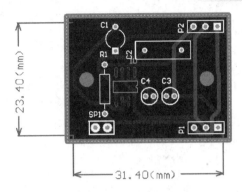

图 12-30（b）　副音箱电路板

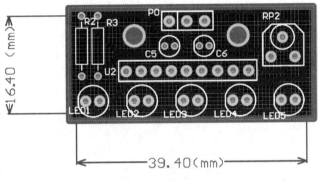

图 12-30（c）　指示灯电路板

12.4　设计工程信息文件的输出

做一个 PCB 项目时，最直接想要得到的结果就是生成符合需求的 PCB。生成 PCB 后，为了方便传播与交流查看，在完成整个项目的设计后还需要进行设计文件的输出工作，导出原理图、PCB 文件为 PDF 文档，生成 BOM 报表，生成制造文件等，以便交给他人查阅或给 PCB 加工厂制板。

12.4.1　打印输出设计文件

（1）以 PDF 文件格式输出原理图。打开所要输出的原理图。打开"Project"面板，选择菜单栏中的【文件】→【智能 PDF】命令，弹出 PDF 导出向导，然后根据需求对向导界面中的各参数进行设置，最终将原理图以 PDF 格式进行输出，如图 12-31 所示。

（2）最终导出各原理图的 PDF 文档，系统会将所有的文件生成到一个 PDF 文件中，便于传播和查阅。

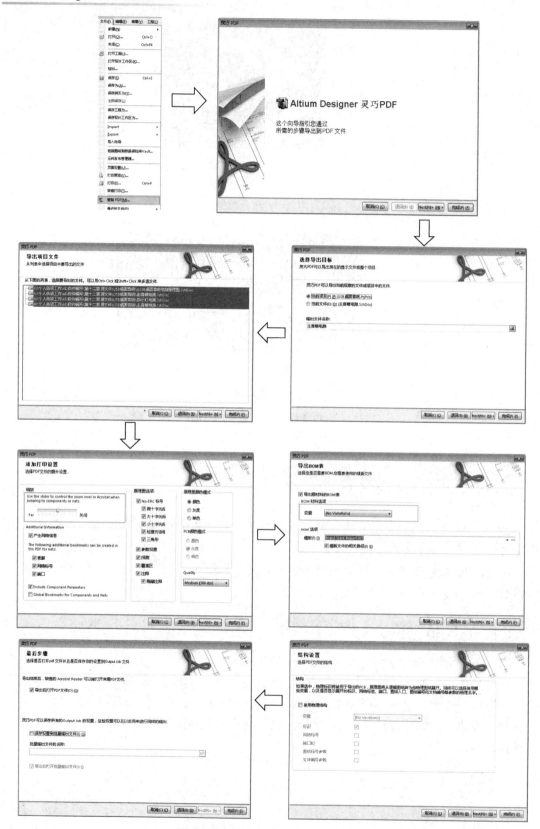

图 12-31　设计文件的 PDF 文件导出

12.4.2　生成物料清单（BOM 报表）

完成工程后，需要生成元器件物料清单（BOM 报表）用以采购元器件或在后续安装元器件到印制电路板时使用。

使用 Simple BOM 输出报表清单。打开工程中的原理图文档，选择菜单栏中的【报告】→【Simple BOM】命令，详细内容见第四章。通过设置最终生成各电路的 BOM 报表，如图 12-32 所示。

```
Bill of Material for
On 2018/3/2 at 10:41:28

Comment            Pattern       Quantity  Components
----------------------------------------------------------------------
8002B              SOP8             1     U1
Cap Poll           CAP1             1     C3                          Polarized Capacitor (Radial)
Cap Poll           CAP2             1     C4                          Polarized Capacitor (Radial)
Cap Pol2           PCBComponent_1 - duplicate3    4    C3, C4, C5, C6          Polarized Capacitor (Axial)
Cap                CAP              2     C1, C2                      Capacitor
Cap                RAD-0.3          1     C2                          Capacitor
Cap2               CAPR5-4X5        1     C1                          Capacitor
Component_2        PCBComponent_1   1     RP1
Header 2           HDR1X2           1     P1                          Header, 2-Pin
Header 3           HDR1X3           5     P1, P2, P2, P3, P4          Header, 3-Pin
Header 3           PCBComponent_1 - duplicate   1    P2                      Header, 3-Pin
Header 4X2A        SOP8             1     U2                          Header, 4-Pin, Dual row
Header 9           PCBComponent_1   1     U?                          Header, 9-Pin
LED1               PCBComponent_1 - duplicate2   5    LED1, LED2, LED3, LED4, LED5 Typical RED GaAs LED
Res2               AXIAL-0.4        4     R1, R2, R2, R3              Resistor
Res2               R                2     R1, R2                      Resistor
RPot               PCBComponent_1 - duplicate1    1    RP2                      Potentiometer
Speaker            PCBComponent_1 - duplicate4    1    SP?                      Loudspeaker
Speaker            PIN2             1     SP1                         Loudspeaker
SW-SPST            SPST-2           1     SW?                         Single-Pole, Single-Throw Switch
```

图 12-32　电路的 BOM 报表

教学微视频

扫一扫

反侵权盗版声明

电子工业出版社依法对本作品享有专有出版权。任何未经权利人书面许可，复制、销售或通过信息网络传播本作品的行为，歪曲、篡改、剽窃本作品的行为，均违反《中华人民共和国著作权法》，其行为人应承担相应的民事责任和行政责任，构成犯罪的，将被依法追究刑事责任。

为了维护市场秩序，保护权利人的合法权益，我社将依法查处和打击侵权盗版的单位和个人。欢迎社会各界人士积极举报侵权盗版行为，本社将奖励举报有功人员，并保证举报人的信息不被泄露。

举报电话：（010）88254396；（010）88258888

传　　真：（010）88254397

E-mail：　dbqq@phei.com.cn

通信地址：北京市海淀区万寿路 173 信箱
　　　　　电子工业出版社总编办公室

邮　　编：100036